遥感图像处理与分析
理论　方法与应用

韩召华　著

汕頭大學出版社

图书在版编目（CIP）数据

遥感图像处理与分析：理论、方法与应用 / 韩召华
著 . -- 汕头 ：汕头大学出版社，2025. 5. -- ISBN 978-
7-5658-5590-0

Ⅰ．TP751

中国国家版本馆 CIP 数据核字第 20257HW847 号

遥感图像处理与分析：理论、方法与应用

YAOGAN TUXIANG CHULI YU FENXI : LILUN 、 FANGFA YU YINGYONG

著　　者：韩召华
责任编辑：胡开祥
责任技编：黄东生
封面设计：寒　露
出版发行：汕头大学出版社
　　　　　广东省汕头市大学路 243 号汕头大学校园内　邮政编码：515063
电　　话：0754-82904613
印　　刷：定州启航印刷有限公司
开　　本：710 mm×1000 mm　1/16
印　　张：14.25
字　　数：230 千字
版　　次：2025 年 5 月第 1 版
印　　次：2025 年 5 月第 1 次印刷
定　　价：78.00 元
ISBN 978-7-5658-5590-0

前 言

随着信息技术的快速发展，遥感技术已成为国家经济建设、生态环境监测、资源管理、灾害预警等多个领域的重要工具。在全球气候变暖、城市化进程加快、生态环境日益严峻的背景下，各国政府纷纷加强对遥感技术的研究与应用，以提高资源利用效率、优化国土空间规划，并提升自然灾害防范能力。我国作为世界上重要的遥感技术研发与应用大国，在卫星遥感、航空遥感、无人机遥感等领域均取得了显著成就。近年来，国家陆续出台了相关政策，为遥感技术的发展提供了坚实的支持，并推动遥感数据的共享，进一步促进了遥感产业的蓬勃发展。

从专业角度来看，遥感图像处理作为遥感技术的重要组成部分，涵盖了遥感数据的采集、处理、分析、应用等多个环节。随着人工智能、大数据分析、云计算等新兴技术的发展，遥感图像的分析精度和处理效率得到大幅度提升，这使得遥感技术在农业、林业、水利、交通、城市规划等领域的应用更加广泛。然而，遥感图像的处理涉及多种复杂技术，包括图像预处理、特征提取、分类分割、信息解译等，遥感信息的高效获取和利用是当前研究的热点。基于这一背景，本书旨在系统地介绍遥感图像的处理技术及其在各个行业的应用，为相关研究人员和工程技术人员提供理论与实践指导。

本书共7章。第1章介绍了遥感图像的基本概念及成像原理；第

2 章深入探讨了遥感图像预处理技术，如校正、镶嵌、裁剪、融合等方法；第 3 章介绍了遥感图像的变换技术，包括波段运算、彩色变换、傅里叶变换等；第 4 章详细阐述了遥感图像的监督分类、非监督分类，以及图像分割技术的应用；第 5 章针对遥感图像信息提取展开讨论，如植被覆盖度监测等；第 6 章重点介绍了遥感图像在农业、森林、交通等领域的实际应用；第 7 章总结全文，并对遥感技术的发展趋势进行展望。

本书涵盖遥感图像的理论基础、技术方法及行业应用，形成了一个完整的知识体系，章节安排循序渐进，从遥感图像的基本概念到复杂应用，由浅入深，使读者能够系统地掌握遥感图像处理技术。在介绍遥感图像处理技术的同时，本书结合具体案例进行分析，使读者不仅能理解理论原理，还能掌握遥感图像在实际问题中的应用方法，提升实践能力。本书兼具学术性和实用性，既可作为遥感技术相关专业的教材或参考书，也可供从事遥感应用的技术人员和研究人员使用，为各类读者提供不同层次的学习支持。

本书的编写得益于众多学者和研究团队的研究成果，在整理和撰写过程中，笔者查阅了大量文献，参考了众多遥感影像处理领域的最新研究进展，并结合工程实践经验，力求为读者提供翔实、准确的内容。由于时间、水平有限，书中难免存在疏漏之处，恳请广大读者批评指正。最后，希望本书给您带来新的思考和启示，给您的事业和生活带来更多的帮助和指导。

目 录

第 1 章　遥感图像概述

1.1　遥感图像的成像原理

遥感图像的成像原理是基于传感器对目标物体反射或辐射的电磁波进行接收和处理的过程。目标物体在自然光或其他辐射源的作用下，以不同的波段和强度反射或辐射电磁波。遥感平台（如卫星、飞机、无人机）上的传感器能够捕获这些电磁波信息，并将其转换为数字信号。

遥感成像主要通过光学成像、雷达成像、热成像等方式实现。光学成像利用可见光和近红外光，适合地表观测；雷达成像通过发射微波接收回波，具有全天候的成像能力；热成像能捕获目标物体的热辐射信息，主要用于温度监测。捕获的信号经过传感器内部的光电转换、放大与数字化处理，形成二维图像数据。结合定标、几何校正等后续处理，生成可用于分析的遥感图像。这种成像技术广泛应用于资源调查、环境监测、灾害评估等领域。

1.1.1　电磁波谱特性

1）电磁波谱概述

遥感技术是一种地球观测技术，它通过传感设备对远处目标物体辐射或反射的电磁波信息进行获取、处理并生成影像。遥感技术在工作过程中无须与目标物体直接接触，而是对电磁波进行分析，实现对地表景物的探测与识别，其广泛应用于多个领域的研究和监测工作。

不同种类的物体具有不同的特性，其对电磁波的反射或辐射表现各异。当地表物体的电磁波信息穿过大气层并被遥感传感器接收后，传感器会根据反射强度记录亮度差异，从而生成遥感图像。因此，遥感图像本质上是地表与电磁辐射相互作用的视觉化表达。理解电磁波及其基本属性是掌握遥感成像原理的关键。电磁波是电磁场的一种传播形态。[①]根据麦克斯韦电磁场理论可知，电场的变化会在周围空间产生磁场，而磁场的变化会在周围区域引发新的电场变化。电磁波的形成来源于变化的电磁场的空间传播，且电磁振荡会向各个方向传播。电磁能量的辐射、吸收、反射、透射等过程，被统称为电磁辐射。

电磁波是一种横波，在时间和空间上具有周期性，这种周期性特征可以通过波动方程中的波函数加以描述，如图 1-1 所示。

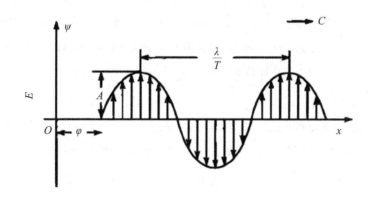

图 1-1　波函数

单一波长电磁波的一般函数表达式为

$$\psi = A\sin[(\omega t - kx) + \varphi] \tag{1-1}$$

式中，ψ——波函数（表示电场强度）；

　　　A——振幅；

①　朱平，冯永华. 毫米波临床应用与进展 [M]. 北京：中国科学技术出版社，2022：1.

$(\omega t - kx) + \varphi$——相位；

φ——初相位；

$\omega = 2\pi / T$——圆频率；

$k = 2\pi / \lambda$——圆波数；

t——时间变量；

x——距离变量。

波函数由振幅和相位构成，通常情况下，传感器只捕捉电磁波的振幅信息，而忽略了相位部分；在全息摄影中，不仅要记录振幅，还要同时保留相位信息，从而实现完整的波动特性记录。

电磁波谱主要根据电磁波在真空中的波长或者频率进行划分。由于没有明确的物理定义，波谱区之间并无固定的界限，而是以渐变的形式相互过渡。按波段频率从低到高排列，电磁波依次为无线电波、红外线（远红外、中红外、近红外）、可见光、紫外线、X 射线、γ 射线及宇宙射线。每种电磁波的波长不同，这是因为电磁波的波源不同。

无线电波通过电磁振荡在谐振腔与波导管中被激励并传输，随后由微波天线向空中发射。红外辐射源于分子振动和转动能级的变化，可见光与近紫外光是外层电子跃迁的结果，而紫外线、X 射线和 γ 射线涉及内层电子跃迁及原子核内部状态的变化。另外，宇宙射线源自遥远的宇宙空间。

红外线能够突破夜间的光线限制，而微波能够穿透云层、雾气、烟尘。虽然可见光与红外线在功能上有所不同，但是两者之间存在一定的共性。在真空或空气中，可见光与红外线的传播速度都等于光速。可见光与红外线都遵循电磁波统一的反射、折射、干涉、衍射及偏振定律。可见光与红外线都具有波粒二象性，即它们既表现出波动性（如干涉、衍射等现象），又表现出粒子性（如与物质相互作用时表现为粒子性）。可见光与红外线都是遥感技术中常使用的波段，可用来探测目标物体的电磁辐射信息。

2）电磁波谱的特性

对电磁波与物质光谱特性的深入理解是推动遥感技术创新与应用研究的重要基础。遥感图像反映了地球及宇宙天体的电磁波辐射特性，尤其是电磁辐射与物质之间的交互作用。当电磁波穿过气体、液体或固体介质时，其强度、波长、传播路径和偏振状态都会发生改变，并引发反射、折射、散射、吸收等现象。

（1）反射特性。当电磁波到达物体表面时，因介质特性的差异发生能量分配，一部分波能量进入物体内部，另一部分以一定角度反射。反射强度和方向取决于物体表面的光滑程度（镜面反射）或粗糙程度（漫反射）。不同地表物体对电磁波入射的反射能力各不相同，通常通过反射率衡量，反射率是关于波长的函数，被称为光谱反射率（λ）。

光谱反射率（λ）定义为

$$\rho(\lambda) = E_R(\lambda) / E_I(\lambda) \tag{1-2}$$

式中，$E_R(\lambda)$——反射电磁波能量；

$E_I(\lambda)$——入射电磁波能量；

$\rho(\lambda)$——反射率。

电磁波在不同介质上的反射特性差异是遥感技术的重要基础理论。具体来说，电磁波遇到不同的介质时，会出现镜面反射、漫反射两种形式，如图1-2所示。

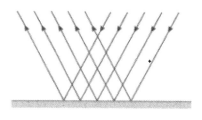

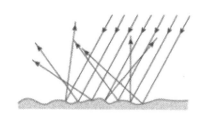

| （a）镜面反射 | （b）漫反射 |

图 1-2 反射形式

镜面反射是电磁波反射的一种形式，指入射光线在光滑表面反射时，反射光线与入射光线位于同一平面内，且反射角等于入射角。[①]镜面反射的关键特征是反射能量集中在一个明确的方向上，而不是向多个方向扩散。对于可见光，镜面、光滑的金属表面或平静的水面都会产生镜面反射；对于波长较长的微波，像道路这样的表面也能产生镜面反射。因此，在遥感成像时，应尽量避开正午时段，以避免图像失真。

漫反射是指光线被粗糙表面无规则地向各个方向反射的现象。具体来讲，入射能量在所有方向均匀反射，即入射能量以入射点为中心，在整个半球空间内向四周同性地反射能量。完全的漫射体被称为朗伯体，其辐射亮度都一样，漫反射通常发生在表面较为粗糙的情况下。

（2）辐射特性。电磁辐射是能量以电磁波的形式自辐射源向外传播的过程，它本质上涉及能量的传递。任何物体都能成为这样的辐射源，它们能够根据自身特性辐射出不同的波长和辐射能。遥感探测地物的过程应该是对地物辐射能量的测定与分析。

电磁辐射的能量需要遵循国际单位制，其中包括很多重要参数，如辐射能量、辐射通量、辐照度、辐射强度和辐射亮度。辐射能量是辐射度量学中的基础物理量，用来描述物体通过辐射形式传递的能量大小，

---

① 潘万彬，王毅刚，曹伟娟，等．线上线下混合式计算机图形学基础实验教程 [M]．西安：西安电子科技大学出版社，2021：110．

用能量单位焦耳（J）表示。辐射通量描述单位时间内通过某个表面的能量，是描述辐射源在单位时间内发出的辐射能量大小的物理量，它反映了辐射源的辐射强度或功率，单位是瓦特（W）。辐照度是描述受照面上单位面积所接收到的辐射能量大小的物理量，反映了辐射能量在受照面上的分布情况，单位用瓦特每平方米（W/m²）表示。辐射强度是指点辐射源在单位立体角、单位时间内，向某一方向发出的辐射能量，单位为瓦特每球面度（W/sr）。辐射亮度描述了面辐射源在单位投影面积上、单位立体角内的辐射通量大小，是评估面辐射源在特定方向上辐射性能的重要参数，其综合考虑了面辐射源的辐射能量密度和辐射方向性，用单位瓦特每球面度每平方米（W/sr·m²）表示。

在电磁辐射当中，黑体是一个理想化的物体，其电磁辐射行为符合普朗克辐射定律、斯忒藩 - 玻耳兹曼定律及维恩位移定律的描述，展现出特定的辐射规律，具备热辐射的最高效率。它能够在热力学定律允许的范围内将热能完全转化为辐射能，吸收率和发射率均为 1。

黑体的辐射出射度（M）（即单位面积、单位时间内辐射出的能量）与其温度（T）、辐射的波长（λ）之间遵循普朗克所阐述的热辐射法则，这一法则精确地描述了这三者之间的数学关系，如下所示。

$$M(\lambda, T) = 2\pi hc^2 \lambda^{-5} \times \left[\exp\left(\frac{hc}{\lambda kT} \right) - 1 \right]^{-1} \qquad (1\text{-}3)$$

式中，h——普朗克常量，取值 6.626×10^{-34} 焦·秒（J·s）；

　　　k——玻尔兹曼常量，取值 1.380×10^{-23} 焦 / 开（J/K）；

　　　c——光速。

另外，黑体还遵循斯忒藩 - 玻耳兹曼定律，如下所示。

$$M(T) = \sigma T^4 \qquad (1\text{-}4)$$

式中，$M(T)$——黑体表面发射的总能量；

　　　σ ——常量，取值 5.670×10^{-8} W/（m²·K⁴）；

T——黑体的温度。

黑体总辐射通量随温度的增加而迅速增加，它与温度的四次方成正比。因此，温度的微小变化会引起辐射通量密度很大的变化。这是红外装置测定温度的理论基础。

维恩位移定律描述了辐射能量峰值随温度升高向较短波长的方向偏移的规律，如下所示。

$$\lambda_{\max} \times T = b \qquad (1-5)$$

式中，$\lambda_{\max}$ ——辐射强度最大的波长，单位为 μm；

b ——常量，取值 2 898 μm·K；

T ——热力学温度，单位为 K。

在维恩位移定律中，随着物体温度（T）的上升，它的辐射强度会达到最大值，其对应的波长会逐渐向较短的波段移动。

物体的温度越高，其单色辐射的峰值波长越短；物体的温度越低，其单色辐射的峰值波长越长。高温物体主要发射短波长的电磁波，而低温物体发射的电磁波以长波长为主。对于常温物体（如温度约为 300 K 的地物），辐射峰值波长约为 9.7 μm，属于红外波段。在遥感技术中，维恩位移定律为最佳传感器工作波段的探测提供了重要依据。

（3）大气窗口。由于大气分子和大气中的气溶胶粒子的影响，光线在透过大气时被吸收和散射，由此引起的电磁波衰减被称作消光。消光程度和电磁波的透过率有关。

消光系数用来描述光在传播过程中受到的衰减程度。当光线以入射亮度 I_{λ} 通过密度为 ρ 的吸收和散射介质时，其亮度在经过长度 ds 的光路后会减弱。此时，消光系数可用 dI_{λ} 来表示光亮度的减弱程度，具体表达为

$$k_{\lambda} = -dI_{\lambda} / \left(\rho I_{\lambda} ds \right) \qquad (1-6)$$

当天顶角为 θ 时，光线在大气中的传播路径发生改变，此时其透过率 Z_1、Z_2 可通过下式进行表示。

$$\tau\left(Z_1, Z_2, \theta\right) = e^{-T\left(Z_1, Z_2\right)_{\sec\theta}} \tag{1-7}$$

当入射光的辐射照度为 E_0 时，光线从高度 Z_1 到高度 Z_2 经过大气层后，辐射照度会发生变化，最终为 E_0。此过程中的辐射照度与透过率之间存在一定的数学关系，可用下式表示。

$$E_\tau = E_0 e^{-T\left(Z_1, Z_2\right)\sec\theta} \tag{1-8}$$

有时将 $\delta = T\left(Z_1, Z_2\right)\sec\theta$ 叫作衰减系数。衰减系数是一个用来描述光强在大气中减弱程度的参数，它综合了散射系数和吸收系数的影响。因此，衰减系数可以进一步表示为这两部分之和，反映了大气中散射和吸收对光传输的共同作用，如下所示。

$$\delta = \gamma + a \tag{1-9}$$

式中，γ 是散射系数，表示气体分子及大气中液态或固态杂质对电磁波散射的影响；a 是吸收系数，反映气体分子对电磁波的吸收作用。散射系数 γ 和吸收系数 a 的值会随波长的变化而改变。在大气中，可见光的衰减主要源于散射效应，而紫外线辐射和红外线辐射的衰减主要受到大气分子选择性吸收的影响。

大气对电磁波的散射和吸收会导致部分波段的太阳辐射在大气中几乎无法穿透。对遥感传感器而言，只有在透过率较高的波段进行探测，才能获得有价值的数据。通常，将那些在穿越大气时受反射、吸收或散射影响较小且透过率较高的波段称为大气窗口。为了获取地面目标物体反射或辐射的电磁波信息并进行成像，遥感探测应优先选择处于大气窗口范围内的电磁波波段。

（4）大气吸收。电磁辐射在穿过大气层时，除了受到散射影响外，还会因大气分子等物质的吸收作用能量减弱。大气吸收的过程实际上是将辐射能转化为气体分析的运动形式。在大气中，水汽、二氧化碳和臭氧是对太阳辐射吸收显著的成分，并且这些分子的吸收特性对不同波长具有明显的选择性。

大气吸收波长和透射率关系如图 1-3 所示。

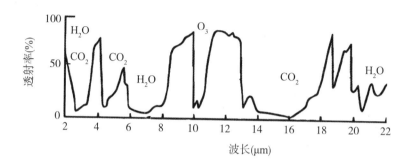

图 1-3　大气吸收波长和透射率关系图

臭氧对电磁波的吸收主要集中在紫外线波段的 0.3 μm 以下，同时在 0.6 μm 附近存在一个宽度较大的弱吸收带，并在远红外线的 9.6 μm 左右有一个显著的强吸收带。尽管臭氧在大气中的含量低，仅占 0.01%—0.1%，但是它在地球的能量平衡中发挥着重要作用，臭氧的吸收效应有效地阻碍了低层大气中辐射的传播。

二氧化碳在中远红外线波段拥有多个吸收带，其中较强的吸收带分布在 2.7 μm、4.3 μm 和 14.5 μm 附近，而其显著的吸收能力集中在远红外线波段的 13 μm 至 17.5 μm。

水汽是大气中对太阳辐射吸收效率较高的成分，其吸收能力远超其他气体。水汽的主要吸收带集中在 2.5 ～ 3.0 μm、5.5 ～ 7.0 μm 及大于 27.0 μm 的波段，这些区域的吸收率可超过 80%。此外，在微波波段，水汽还表现出 3 个明显的吸收峰，分别位于 0.94 mm、1.63 mm 和 1.35 cm 处。

此外，氧气在微波波段对波长为 0.253 cm 和 0.550 cm 的电磁波具有一定的吸收能力。与此同时，甲烷、二氧化氮、一氧化碳、氨气、硫化氢、二氧化硫等气体虽然也能吸收电磁波，但是其吸收率低，通常可忽略不计。

这些气体通常在特定波长范围内吸收电磁能量，对遥感系统的性能产生显著影响。吸收程度与波长密切相关，大气的选择性吸收不仅会导致气温上升，还会阻止太阳辐射中某些波段的光谱传递到地球表面。

（5）大气散射。电磁辐射在非均匀或各向异性介质中传播时会发生方向偏离，这种现象被称为散射。在大气环境中，散射主要由大气中的分子、气溶胶微粒等引起，它们会改变电磁辐射的传播路径。这种改变受到微粒大小、浓度、辐射波长、大气层厚度等多个因素的共同影响。散射效应导致一部分辐射向上散射，可能被空中的遥感设备接收到，而另一部分向下散射，到达地表。根据散射强度与辐射波长之间的关系，大气散射可分为三种主要类型：瑞利散射、米氏散射和非选择性散射。

①瑞利散射。当大气中的粒子直径远小于入射电磁波的波长时，会发生瑞利散射。氧气、氮气等气体分子对可见光的散射就属于这一类型，瑞利散射的强度与波长的四次方成反比，即波长越短，散射越强，同时前向散射和后向散射（入射方向夹角小于或大于90度）具有相同的强度。这种现象多出现在 $9 \sim 10$ km 的高空晴朗区域，因此晴天时天空呈现蓝色。瑞利散射是一种选择性散射，对不同波长的电磁波表现出不同的散射效果。然而，由于大气分子的密度和尺寸受季节、纬度及气候条件的影响，各地上空的瑞利散射强度有所不同。

②米氏散射。当大气中的粒子直径（d）大致与入射电磁波的波长（λ）相等时，会发生米氏散射，这种现象常见于霾、水滴、尘烟等气溶胶微粒。与瑞利散射相比，米氏散射不仅作用于可见光，还影响更广泛的电磁波谱范围。米氏散射效果与波长有紧密联系，其显著特点是前向散射的强度高于后向散射。米氏散射主要受大气中微粒的数量和结构影响，其强度变化与气候条件密切相关。在靠近地表 $0 \sim 5$ km 的大气层中，

微粒体积较大且密度较高，散射作用较为明显。虽然在正常的大气环境中瑞利散射占主导地位，但是米氏散射往往会叠加其效果，进一步增强散射作用，从而使天空呈现出更加昏暗的色调。①

③非选择性散射。当大气中散射粒子的直径（d）远大于入射电磁波的波长（λ）时，会发生非选择性散射。这种散射的强度与波长无关，包括云、雾、水滴和尘埃对光的散射。非选择性散射通常由直径 $5 \sim 100\ \mu m$ 的粒子引起，它们几乎均等地散射所有可见光和近红外波段。由于蓝光、绿光、红光等可见光被等量散射，云和雾通常呈现白色或灰白色。

遥感系统受大气散射影响大，大气散射降低了太阳光直射的强度，改变了太阳辐射的方向，削弱了到达地面的辐射，产生了漫反射的天空散射，增强了到达地面辐射和大气层本身的"亮度"。

散射使地面阴影呈现暗色而不是黑色，使人们有可能在阴影处得到物体的部分信息。同时，散射使暗色物体表现得亮，使亮色物体表现得暗。因此，大气散射会对遥感图像质量产生不利影响，如图像偏色、对比度降低，从而削弱其空间信息的表现能力。在遥感成像过程中，为了减少天空辐射的干扰，需要采取有效的措施。例如，在航空摄影中，通过使用滤光片减少天空光对图像成像的负面影响，提升图像的清晰度和准确性。

---

① 陈丹，王晨昊，王明军，等．无线激光通信副载波调制理论及应用 [M]．北京：国防工业出版社，2023：26.

1.1.2 地物波谱特性

外来辐射能量穿透稀薄大气层，作用于地表介质中的各种物体。在此过程中，电磁波遭遇地表物体时会经历反射、吸收、穿透 3 种交互作用。地物的化学构成、物质构造、表面属性及其所处的时空条件各不相同，这导致它们对电磁辐射的反应能力各不相同。即便是同一类物体，面对不同波长的电磁波时，其响应模式也会大相径庭。这种由物体特性和波长差异共同决定的独特响应模式，被定义为地物的波谱特性。

当电磁辐射到达地物表面时，会产生 3 种不同的能量分配过程：一部分能量被地物表面反射；一部分能量被地物吸收，转化为其内部能量或以某种形式重新辐射；剩余部分能量穿透地物，继续传播。这三种现象共同决定了地物对电磁辐射的响应特性。

根据能量守恒定律，可得

$$E_0 = E_\rho + E_a + E_r \qquad (1\text{-}10)$$

式中，E_0——入射的总能量；

E_ρ——地物的反射能量；

E_α——地物的吸收能量；

E_τ——地物的透射能量。

将式（1-10）两端同除以 E_0，得

$$\frac{E_\rho}{E_0} + \frac{E_\alpha}{E_0} + \frac{E_\tau}{E_0} = 1 \qquad (1\text{-}11)$$

反射率 $\rho = E_\rho / E_0 \times 100\%$，即地物反射能量与入射总能量的百分率；

吸收率 $\alpha = E_\alpha / E_0 \times 100\%$，即地物吸收能量与入射总能量的百分率；透

射率 $\tau = E_r / E_0 \times 100\%$，即地物透射的能量与入射总能量的百分率。

式（1-11）可以改写成

$$\rho + \alpha + \tau = 1 \tag{1-12}$$

对于不透明的地物，透射率 $\tau = 0$，式（1-12）可以改写成

$$\rho + \alpha = 1 \tag{1-13}$$

上述公式表明，在某一波段中，地物的反射率与吸收率呈此消彼长的关系。反射率较高的地物通常吸收率较低，因此辐射能力较弱；吸收率较高的地物反射率较低，表现出较强的辐射特性。

1）地物的光谱特征

地物的光谱特征主要包括反射特性、发射特性、透射特性，如图1-4所示。

图1-4　地物的光谱特征

（1）反射特性。地物的反射光谱特性是遥感数据精准解译的关键物理基础，主要指地物反射率随着入射波长变化的规律。根据地物反射率与波长之间的关系绘制出的曲线被称为地物反射光谱曲线，其形态展现了地物的波谱特征。这些特征受到入射波长、入射角度、偏振状态、物体的物理属性、物体的表面特性、周围环境等的影响，地物反射率的高低与入射波的波长、角度、地物的颜色和表面粗糙度密切相关。

（2）发射特性。物体温度超过绝对零度时，其内部的原子和分子会

因持续的热活动而向周围环境释放电磁辐射，其中主要形式是红外线和微波，这种特性被称为物体的发射特性。在遥感技术领域，评估物体辐射能力的重要参数是发射系数或发射率，这个系数的测定通常以理想黑体的辐射作为基准，用来比较物体实际辐射与黑体辐射之间的相对强度。

黑体辐射是物理学中的一种理想模型，虽然自然界中不存在真正的黑体，但是可以在实验室加以模拟。斯忒藩－玻耳兹曼定律和维恩位移定律专门描述黑体辐射，这两个定律量化了黑体辐射的出射能量与其温度及波长之间的关系。自然界中的实际地物辐射能量通常低于同温度下的黑体辐射能量，因此在应用黑体辐射相关公式时，需要引入一个发射率作为修正因子，用来调整真实地物辐射与理想黑体辐射之间的差异。[①]

对某一波长来说，某地物的发射率为

$$\varepsilon_\lambda = \frac{M'}{M} \qquad (1\text{-}14)$$

式中，M'——观测地物发射的某一波长的辐射通量密度；

M——与观测地物同温度下黑体的辐射通量密度。

发射率受到介电常数、表面粗糙度、温度、波长、观测方向等多种因素的影响。红外线的发射强度与物体的温度密切相关，即便物体温度存在微小差异，红外辐射的强度也会发生显著变化。微波发射的强度主要由物体的固有性质决定，与温度关系较小。由于不同地物的发射率存在显著差异，这种特性成为遥感探测的重要依据。在自然界中，每种物体的发射光谱是不同的，由于物质结构不同，发射波谱表现出来的特征也不同。

（3）透射特性。地物的透射特性是指光波在穿透地物介质时，其能量能够通过地物并继续传播的特性。透射特性是地物光学性质的重要组成部分，与反射特性和吸收特性共同决定了地物对电磁波的综合响应，

---

① 张茹，刘志鹏. 大学物理预科教程 [M]. 北京：北京邮电大学出版社，2022：277.

这一特性主要受地物的物理性质、电磁波波长、入射角等因素的影响。透射率是指入射电磁波能量中通过地物并继续传播的部分所占的百分比，主要用来衡量地物的透射特性。透射率是地物与电磁波相互作用的基本物理量之一，广泛用来研究地物的光学性质及电磁波传播特性。

大多数地物对可见光几乎没有透射能力，而红外线仅能穿透那些具有半导体特性的地物。微波在地物中表现出显著的透射能力，这种能力主要取决于入射波的波长。在遥感应用中，可以依据不同地物的透射特性，选择合适的传感器，以探测水下或冰下的特定地物信息。

2）典型地物的光谱特征

（1）水体的光谱特征。水体的光谱特征主要由其内部的物质成分决定，同时受到各种物理状态的影响。水与电磁波之间的相互作用十分复杂，其不仅受水分子的特性制约，还与水中杂质的种类和含量密切相关。

较为纯净的自然水体在 0.4 ～ 2.5 μm 波段范围内对电磁波的吸收程度显著高于大多数其他地表物质。在光谱的可见光波段内，水体光谱反射特性主要有以下特点。①水体的光谱反射特性主要由 3 个部分组成，分别为水面反射、底部物质的反射及悬浮颗粒对光的反射。②水体的光谱吸收与透射特性不仅取决于其自身的物理性质与化学性质，还受到水中各种有机物与无机物的影响。③在近红外和中红外波段，水体几乎完全吸收了所有的电磁波能量，纯净的自然水体在近红外波段表现得近似于黑体，并且其反射率非常低，尤其在 1.1 ～ 2.5 μm 的波段范围内，几乎接近零。④水中泥沙含量的增加会导致 0.6 ～ 0.7 μm 波段的反射率线性地加大。

（2）植被的光谱特征。不同的植物各有其自身的波谱特征，从而成为区分植被类型、植被长势及生物量估算的依据。同时，由于生长状况、健康程度等因素不同，同类植物的反射率有较大差异。绿色植被的反射光谱曲线与叶绿素含量的大小密切相关，叶绿素含量的微小差异会导致反射率的明显变化。当植物进入衰老期或遭受病虫害时，叶绿素大量减少，叶红素与叶黄素相对增加，植物的光谱特性随之变化，出现吸收谱带与反射峰"红移"的现象（即特征谱带向长波方向转移）。植被叶片中叶绿素和水分含量的变化，导致了植被在各波长上反射率的变化，并在遥感图像上产生了差异。因此，可以通过遥感图像上植被色调的差异判断植被的长势、健康、类型等。植被虽然具有共同的光谱特征，但是不同种属的植被在实际光谱曲线值上有差异。

（3）岩石的光谱特征。岩石是由很多种矿物质组成的，岩石的可见光与近红外光谱的结构具有复杂性，很难直接通过这些光谱鉴定岩石类型。然而，岩石的主要物质组成和结构特征可以通过光谱信息清晰展现。因此，可见光和近红外光谱的反射特性依然在岩石类型的识别与分类中发挥着关键作用。岩石的反射光谱曲线与植被不同，没有明显的相似特征。它的曲线形态与很多种因素有关，如矿物成分、矿物含量、风化程度、含水状况、颗粒大小、表面光滑程度等。岩石的反射率受浅色矿物和深色矿物含量的影响显著，浅色矿物具有较高的反射率，而深色矿物的反射率较低，两者的比例直接决定了岩石的整体反射特性。

（4）土壤的光谱特征。土壤是一种复杂体系，其主要由不同物理性质与化学性质的物体组成，土壤的光谱特征受到生物地球化学属性（如矿物成分、湿度、有机质、三氧化二铁含量及结壳现象）、几何光学散射特性（如颗粒形状、颗粒大小、颗粒分布方向和颗粒表面粗糙度）、外部环境条件（如母岩成分、气候特征、风化程度和植被覆盖状况）等因素的影响。这些因素共同作用于土壤的光谱表现，对光谱的反射率和整体形态有所影响，并在光谱中留下了独特的吸收性。

1.2　遥感图像的特征分析

1.2.1　空间位置的关系特征

地物在空间上展现出独有的特征，在遥感图像中通常表现为光谱特性相似且具有一定大小和平面形状的区域。随着图像对象概念的引入，图像处理的单元可以直接对应现实中的具体实物，这为遥感图像与地理信息系统（geographic information system, GIS）之间的联系建立提供了基础，同时为 GIS 分析的实现开辟了新的道路。

随着高分辨率遥感图像的广泛应用，形状信息逐渐成为研究的热点。通过对形状指数、面积等指标的研究，有效地改进了鱼塘、水库、河流、山体阴影等的识别精度；光谱特征和形状信息的结合使研究人员对城市地表进行了分类，更好地区分了建筑物、广场等目标物体；在遥感图像中，新算法的应用使矢量图形的直接提取成为可能，并通过波谱空间和形状空间两次聚类给出景物的分类结果；集成光谱特征、GIS 数据、航空影像和数字高程模型（digital elevation model, DEM）的空间数据库，对城市区域的土地覆盖进行了精准分类。这些成果表明，地物的空间几何特性是实现精准识别的重要基础。

１）空间关系特征的表示

（1）空间位置。空间位置是指地物在空间中的分布情况，是空间关系特征的重要组成部分。它是地物的环境位置在图像上的反映，也可以被称为相关特征。在地物的位置特征中，通常用地物的绝对位置和地物间的相对位置两个参数进行描述。

相对位置常用来描述地物相对其他已知位置的关系，其中包括相邻关系、包含关系、穿过关系、拓扑关系等。一般从 3 个方面对相对位置进行描述，包括地物的方向性、距离性、邻近性。[①]

地物在空间中的位置可通过图像上目标物体的具体位置表现出来，其绝对位置通常使用一组坐标对表示。地物在地理空间中的分布通常反映了区域的地理特点，并且与环境因子有关。例如，自然草地和人工草地的光谱特性虽然相近，但是二者的分布区域存在差异。自然草地多分布于城乡接合部，而主城区内几乎没有；老城区因绿化时间较早且具有历史特点，植被以林木为主，而老城区外以草地为主。

（2）空间关系。地物在遥感图像中的空间关系指的是，两个或多个地理实体间基于空间位置的相互作用。这种关系的描述方式多种多样，既包括定量分析，也涵盖定性表达。这些空间关系的描述不是孤立的，而是相互关联的，反映了地物间复杂的空间相互作用特性。地物间的空间关系主要体现为以下几种不同形式。

①方位关系。方位关系是用来描述两个地物之间相对方向和相对位置的一种方式，通常适用于没有互相接触的物体。方位关系主要包括距离关系和方向关系。距离关系指一个地物相对于另一个地物的直线间隔。对于点状地物，两点之间的距离为其位置间的直线距离；点状地物与线状地物的距离是该点到线段的最短路径长度；点状地物与面状地物的距离通过该点到面状地物边界的最短距离表示；面状地物之间的距离通常以两者边界点间的最小距离计算。方向关系指一个地物相对于另一个地物所在的空间方位，通常以八个基本方向表示，包括正北、东北、正东、东南、正南、西南、正西和西北，用来明确地物之间的相对方向性。每

---

① 张善文,张传雷,迟玉红,等.图像模式识别[M].西安:西安电子科技大学出版社,2020：74.

个方向以方位角区间定量表示，如表 1-1 所示。

表 1-1　方向关系

方向	方位角（度）
正北	0～22.5
东北	22.5～67.5
正东	67.5～112.5
东南	112.5～157.5
正南	157.5～202.5
西南	202.5～247.5
正西	247.5～292.5
西北	292.5～337.5

②包含关系。包含关系是指两个边界不接触的地物，其中一个完全位于另一个的内部。这种关系通常表现为三种形式：点状地物位于面状地物的内部，线状地物位于面状地物的内部，较小的面状地物位于较大的面状地物内部（如图 1-5 所示）。

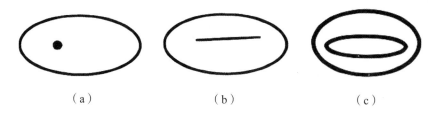

（a）　　　　　　　　（b）　　　　　　　　（c）

图 1-5　不同地物间的包含关系

③相邻关系。当两个地物的边界相互接触时，它们之间存在相邻关系。这种相邻关系主要分为两种类型：一种是两个地物边界外接的关系，

另一种是两个地物边界内接的关系。不同地物类型间的相邻关系如图 1-6 所示。

（a）　　　　　　　　　　　　（b）

图 1-6　不同地物间的相邻关系

④相交关系。当两个地物在空间中相交于一个点时，通常用来描述点状地物与线状地物之间，或线状地物与线状地物之间的交互关系，这种关系反映了它们在特定位置的几何交会特性，如图 1-7 所示。

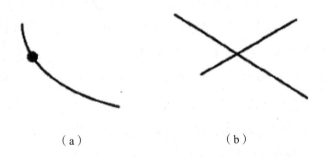

（a）　　　　　　　　　　　　（b）

图 1-7　不同地物间的相交关系

⑤相贯关系。线状地物穿越并延伸至面状地物的内部区域，如图 1-8 所示。

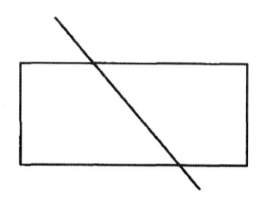

图 1-8　不同地物间的相贯关系

2）空间位置特征的识别

地物在空间上的分布具有一定的规律性和结构性，既受自然条件（如地形、气候、地质等）的制约，也受人为因素（如土地利用方式、城市规划等）的影响。通过对地物空间位置特征进行识别，能够为遥感影像中的地物识别提供重要的补充信息和判别依据。对地物空间位置特征进行识别时，主要从以下几个方面入手。

（1）识别地物空间的结构与排列模式。自然草地、森林、人工草地等在空间上的分布常表现为一定的斑块或带状规律。例如，在林业遥感中，不同树种会在密集区域形成独特的树冠纹理，地质遥感中也会出现类似的脊状、马蹄形或山字形构造。从平原到山区、从城镇到郊区，不同地物类型往往呈现出由核心区向外围的逐级变化。城市中心到近郊、远郊的土地覆盖类型具有明显的过渡特征。

（2）将多源信息与地物空间进行融合。与 GIS 结合，引入行政区域、道路分布、地形、土壤图等地理辅助数据，对遥感影像中容易混淆的地物进行再识别或者进行精细化的分类。利用地物之间在方向、相邻、包含等方面的关系，对分类后的地物进行识别和纠正。

（3）识别地物空间的地域性与多尺度特征。不同区域的地形起伏、母岩成分和气候特点，会导致地物在光谱和形态上具有显著差异。对于南北跨度较大的地区，其景观单元从北向南逐渐细化、类型逐渐增多。城市绿化、耕地分布、道路及水利工程等人类活动对地物的空间格局产生了强烈影响，如老城区以林木为主、远郊区以草地为主，高山与陡坡不宜设湖泊。

3）空间特征与空间分辨率

在遥感图像中，空间分辨率是决定其空间信息丰富度的关键因素。空间分辨率越高，图像的细节越清晰，空间结构越复杂。然而，目标物体能否被清晰地区分不仅取决于空间分辨率的高低，还与目标物体自身的形状、大小，以及其在亮度和结构上与周围环境的对比程度密切相关。

在空间分辨率仅有 30 米每像素的 Landsat TM 图像上，当一条 10 m 宽的公路经过沙漠、水域、草原等光谱较为单一且与公路反射特性差异明显的背景时，依然可以被清晰地辨别。这是因为公路具有特殊的形状，其与周围的简单背景形成了明显的反差。

由此看来，地物目标空间特征的识别不仅要看空间分辨率，还要考虑环境背景的复杂性等。表 1-2 列出了不同特征识别所要求的空间分辨率。

表 1-2　不同特征识别所要求的空间分辨率

类别	环境特征	空间分辨率（米／像素）
巨型 环境	地壳	10 000
	成矿带	2 000
	大陆架	2 000
	洋流	5 000
	自然地带	2 000

续　表

类别	环境特征	空间分辨率（米/像素）
大型环境	区域地理	4 000
	矿产资源	1 000
	海洋地质	1 000
	地热资源	1 000
	土壤	75
	森林	400
	山区植被	200
	山区土地	200
	海岸带	100
	渔业资源	100
中型环境	作物长势	25
	水土保持	50
	植物群落	50
	土种识别	20
	洪水灾害	50
	径流模式	50
	水库水面监测	50
	城市、工业用水	20
	地热开发	50
	森林火灾预报	50
	森林病害探测	50
	城区地质	50
	交通道路	50

续　表

类别	环境特征	空间分辨率（米 / 像素）
小型 环境	污染源	10
	海洋化学	10
	水污染	10～20
	港湾动态	10
	水库建设	10～50
	航行设计	5
	港口工程	10
	鱼群分布与迁移	10
	城市工业发展	10
	城市居住密度	10
	城市交通密度	5

1.2.2　纹理特征

在遥感图像中，纹理特征不仅揭示了像素亮度值的统计分布规律，还深刻反映了地表物体的结构模式及其空间布局。[①]构成这些纹理的基础元素通常被称为"纹理基元"。然而，由于这些单元组合排列的多样性和复杂性，目前业界尚未给出确切且普遍接受的"纹理"定义。

在遥感图像分析中，纹理描述的是图像的亮度或色彩随空间位置展现出的变化。山脉、草地、沙漠、森林、城市建筑群等要素在图像中都会呈现出各自独特的纹理模式。人们常常以定性的方式区分这些纹理，如纹理的粗糙度、平滑性、随机性、方向性、直线性、周期性。在具有

---

① 宫久路，谌德荣，王泽鹏. 目标检测与识别技术 [M]. 北京：北京理工大学出版社，2022：129.

纹理的影像中，亮度通常呈现出可识别的规律性，即使是杂乱无章的随机纹理，也能够在统计学层面被挖掘出内在特征。纹理具有以下几个方面的特征：①纹理呈现出一种在局部具有规律性的结构特征，这种特征会在图像的更大范围内以重复的方式显现。②纹理的基本组成元素被称为"纹理基元"，它是感知纹理的基础单元。③纹理并非由单个点构成，研究人员应该从整体的区域视角对其进行描述和分析。④构成纹理的各个部分通常具有一致且统一的特性，这些部分的尺寸大小相近。

纹理基元及其排列规则可以用下面的方式表示。

$$f = R(e) \tag{1-15}$$

式中，R——纹理基元的排列规则；

e——纹理的基元形态。

基元形态和排列规则的不同构成了千差万别的纹理结构。通常情况下，将纹理特征的分析方法归纳为 4 种，分别为统计法、频谱法、模型法和结构法。

1）统计法

在很多情况下，纹理可以被描述成一个随机变量。对于一些自然纹理，它们在局部分析中具有很大的随机性，但是从整体分析和统计意义上讲，纹理存在某种规律性。从区域性分析的视角对纹理图像进行探究的方法，被称作统计基础的纹理分析手段。

（1）共生矩阵。共生矩阵是一种用来描述图像亮度分布特征的统计方法，它能够分析图像中所有像素的灰度关系。该方法通过构建二阶联合概率密度组成的矩阵 $P(i, j, d, \theta)$，表示图像中任意两点灰度值之间的空间相关性。矩阵的大小为 $l \times l$，其中 l 是灰度级总数，矩阵中的元素 $P(i, j, d, \theta)$ 表示在距离 d 和方向 θ 的条件下，灰度值为 i 的像素与灰度值为 j 的像素同时出现的概率。通常情况下，方向选择为 0°、45°、90° 和 135°，反映图像中不同方向上的灰度相关性。通过这一方法，可以量化和分析图像中的亮度空间特征，为纹理分析提供可靠的统计基础。

共生矩阵无法直接反映图像的纹理特性，因此需要借助一些专门的统计指标，以提取相关信息。这些指标包括同质性（描述局部区域的灰度一致性）、对比度（量化局部灰度差异的大小）、不相似性（以线性增长的形式衡量灰度变化）、熵（反映灰度分布的复杂程度或不确定性）、角二阶矩（评估亮度分布的均匀性）、均值（表明整体灰度水平）、标准差（衡量亮度值偏离平均水平的程度）、相关性（刻画相邻像素间的灰度依赖关系）。

这些度量指标能够从多个角度对图像的纹理特征进行描述，它们之间存在着一定的相关性，在实际运用时需要根据具体需求进行筛选。考虑到计算效率和地物在不同波段的纹理特性，纹理分析一般以单一波段进行。面对多波段影像数据，选择全色波段或通过主成分分析提取主要信息（即第一主成分），随后进行纹理特征的分析工作。

在共生矩阵纹理分析中，纹理窗口尺寸的合理选择至关重要。通常情况下，图像的错误分类处理主要是由窗口边缘区域不清晰造成的。采用较大的纹理计算窗口，这样可以提供更稳定的纹理测量结果，但会加剧边缘效应。研究显示，随着窗口尺寸的增大，纹理的可区分性会有所提升，特别是当评估不包括边缘像素时。然而，纹理特征的变异系数会随着窗口的扩大而逐渐减小，直至达到某一特定窗口尺寸时，变异系数才趋于稳定。这意味着窗口尺寸的增大对类别可区分性的提升具有更大的作用。为了优化类别的可区分性，常将纹理特征的变异系数作为判断依据。

（2）灰度游程长度。灰度游程长度指的是在同一直线上具有相同灰度值的最大像素集合，它是对影像灰度关系的高阶统计。灰度游程长度矩阵是该方法的核心，用来描述图像中灰度游程长度的统计特性，在灰度图像中，具有相同灰度值的连续像素序列被称为灰度游程。游程长度是该序列中像素的数量，灰度游程长度通常考虑多个角度的方向，如

0°、45°、90°、135°等。这些方向上的灰度游程长度可以分别计算，用来反映图像的纹理特征。该矩阵的每一项表示在特定方向上，具有特定灰度级和游程长度的像素序列出现的次数，通过计算这些统计量，可以提取图像的纹理特征。

（3）空间自相关函数。空间自相关函数用来量化某一变量在空间上的分布特征，同时可以评估相邻区域之间是否存在某种关联。空间自相关函数能够揭示数据的空间分布模式，如聚集、均匀分布等。在空间自相关函数中，一般有3种表现形式，分别为正空间自相关、负空间自相关、无空间自相关。相邻单元的属性值相似时，表现为正相关；相邻单元的属性值差异显著时，表现为负相关；相邻单元的属性值在空间上随机分布时，表现为无空间自相关。

2）频谱法

频谱法将空间域的纹理图像变换到频率域中，通过信号处理的方法获得纹理特征，如周期、功率谱等。频谱法是建立在多尺度分析与时频分析基础上的纹理分析方法，主要有小波变换、傅里叶变换等。

（1）小波变换。小波变换能够在不同尺度上对图像的纹理细节进行分析与探索，它为图像纹理的分类与分析开辟了新的途径。近年来，小波理论不断地演变，衍生出小波变换、多进制小波、小波包、小波框架等多个分支，这些分支在图像纹理分析中展现出显著效果。分解过程的实现算法主要分为两类：一类是基于金字塔结构的小波变换算法（pyramid wavelet transformation, PWT）；一类是基于树状结构的小波变换算法（tree wavelet transformation, TWT）。这两类算法为图像纹理的精细分析提供了有力的支持。

PWT 算法是一种标准的图像分解技术，它通过运用特定低通滤波器和高通分解滤波器，实现对图像的离散小波分解。这一过程将原始图像数据细分为多个子带图像。具体来说，在每一层的小波分解中，图像系数会被分解为 4 个子带：LL 子带包含图像在垂直方向和水平方向上的低频信息；LH 子带包含图像在水平方向上的低频信息和垂直方向上的高频信息；HL 子带包含图像在垂直方向上的低频信息和水平方向上的高频信息；HH 子带包含图像在垂直方向和水平方向上的高频信息。

这一分解过程可以递归地进行，即继续对 LL 子带（作为下一尺度的输入）进行相同的小波分解，以生成更小尺度的各频带输出。这个过程会一直持续到满足特定的分解要求为止。通过这种方式，PWT 算法能够实现对图像的多尺度、多分辨率分析，为后续的图像处理任务提供丰富的频带信息。TWT 算法在图像分解上展现出独特的优势，它不仅关注图像的低频成分，还可以对图像的高频细节进行深入处理。PWT 算法通过逐层分解，将图像细分为 4 个子带图像（h_{LL}、h_{LH}、h_{HL}、h_{HH}），并允许这些子带图像进一步被分解，形成层次分明的树状架构，这种深度分解策略能够更细致地捕捉图像特征。值得注意的是，并非所有子带都承载关键信息。因此，在实际操作中，可以依据特定标准有选择地对子带进行分解，这样既能减少计算负担，又能确保有效地提取纹理图像中的核心特征。

（2）傅里叶变换。该方法利用傅里叶频谱的频率特性，分析和描述具有周期性或近似周期性纹理图像的方向特征。在傅里叶频谱中，显著的峰值反映了纹理的主方向，而这些峰值在频域平面中的分布位置指示了纹理的基本周期。为了进一步深入分析，可以使用滤波技术去除图像中的周期性成分，保留非周期性部分。对于部分残余的非周期性纹理，可以采用统计学方法进行量化与描述。纹理功率谱分析作为一种常用工具，通过解析频谱特性，不仅能够有效地检测纹理方向性，还能揭示纹理的深层结构特征。

定义 $f(x,y)$ 为图像的一个区域，R 是定义域，那么 $f(x,y)$ 的傅里叶变换为

$$F(u,v) = \sum_{x=0}^{M-1}\sum_{y=0}^{N-1} f(x,y)\exp\left[-j^2\pi\left(\frac{ux}{M}+\frac{vy}{N}\right)\right] \qquad (1\text{-}16)$$

式中，$f(x,y)$——空间域中(x,y)的像元值；

$F(u,v)$——在频率(u,v)处的图像谱。

通常情况下，$F(u,v)$是实频变量u和v的复数，频率u对应x轴，频率v对应y轴。

在二维傅里叶变换中，通常涉及两个实频变量u和v，其中u表示沿x轴的频率分量，v表示沿y轴的频率分量。[①]这些变量共同构成复数形式的频域，二维函数的傅里叶谱由此得以描述。

$$|F(u,v)|=\left[R^2(u,v)+I^2(u,v)\right]^{1/2} \qquad (1\text{-}17)$$

式中，$R(u,v)$表示实部，$I(u,v)$表示虚部。由于傅里叶变换，$F(u,v)$随着u或v的增大快速衰减，为了更直观地观察频谱特征，通常对其幅值进行对数变换，表达式为$\lg(1+|F(u,v)|)$。这种处理方式有助于突出高频分量的细节特征，同时提升频域图像的视觉可解释性。

3）模型法

模型法是指将纹理基元的分布视为某种数学模型，结合统计学和信号分析的相关理论，对纹理模型进行研究，以提取其特征信息。常见的纹理模型包括马尔可夫随机场模型、自回归模型、分形模型、Wold分解模型等。在这些模型的基础上构建数学模型，这样能够有效地刻画纹理的内在结构和分布规律，实现对纹理的深入分析和特征提取。[②]

（1）马尔可夫随机场模型。假设每一像元的密度与邻域像元有关，与其他像元无关。紧靠的像元有直接交互作用。在马尔可夫随机场模型中，纹理满足随机、静态等前提条件。

假设$S=\{s_1,s_2,\cdots,s_n\}$表示n个位置的集合，x_s是定义在$s\in S$处的

① 王庆. 基于高分辨率遥感影像纹理特征的水土保持措施提取方法研究[D]. 西安：西北大学，2008.

② 孙艳霞. 纹理分析在遥感图像识别中的应用[D]. 乌鲁木齐：新疆大学，2005.

未观察随机变量，$X = \{x_s, s \in S\}$ 表示一个随机场。对于 s_i 和 s_j，如果 $P\left(x_{s_i} \mid x_{s_1}, x_{s_2}, \cdots, x_{s_n}\right)$ 与 x_{sj} 有关，则 s_j 是 s_i 的一个邻点集，$\eta = \{\eta_j, s \in S\}$ 是 S 的邻域系统。基团是包含若干位置的集合，它只含有一个元素，或者其中任一个都是其余的邻点。

假设 Λs 是 x_s 取值域，$Q = \left\{x = \left(x_{s_1}, x_{s_2}, \cdots, x_{s_n}\right), x_{s_i} \in \Lambda_{s_i}, 1 \leqslant i \leqslant n\right\}$ 是所有可能状态的集合。若 $s \in S$、$x \in Q$，且 $P(x) > 0$，那么

$$P\left(x_s \mid \{x_r, r \neq s, r \in S\}\right) = P\left(x_s \mid \{x_r, r \neq s, r \in \eta_r\}\right) \tag{1-18}$$

在利用马尔可夫随机场进行图像纹理分类时，需要明确模型的阶数和具体形式。提取各项模型参数及分形特征，并对这些特征进行归一化处理，从而构建特征空间。通过特征空间的数据完成纹理的分类任务。

（2）分形模型。分形几何是研究分形理论的重要工具，其中分形维数具有特别的意义，它直观地反映了图像表面的起伏和粗糙程度，在纹理分析中，基于分形理论的描述方法通常依赖分形维数，这是因为它能够稳定地表现图像表面的特性。[1]计算分形维数的方法多种多样，包括亮度差值法、分形布朗运动自相似模型、差分盒子数法、小波分解法、地毯覆盖法等。这些方法从不同角度对图像的表面特征进行量化，为纹理分析提供了多样化的手段。

差分灰度维是盒子维方法在二维平面上的扩展，其核心思想是将二维平面的分割从小方格推广到三维的小立方体。通过这种方法，计算覆盖目标图像区域的最小亮度级个数 $N(r)$，其中 $r \times r \times r$ 表示立方体的边长。这一过程为图像纹理特征的精细描述提供了新的途径。所要估计的图像区域的分数维 D 将由下式决定。

---

① 游雄，等．地形建模原理与精度评估方法 [M]．北京：测绘出版社，2014：79．

$$N(r)r^D = c \qquad\qquad （1-19）$$

c 为常数，两边取对数，可得下式。

$$\log N(r) = -D\log r + \log c \qquad\qquad （1-20）$$

用线性回归等方法求出 $\log N(r)$ 相对于 $\log r$ 的斜率，也就是该图像区域的分维，即差分灰度维。该斜率反映了图像纹理的复杂程度和细节特性，能够有效地量化其分维特征。

4）结构法

结构法聚焦纹理图像的结构特征，旨在探讨纹理基元的形态构成及其分布模式。纹理基元展现出丰富的几何属性，涵盖面积、周长、偏心率、方向特性、延展程度、欧拉数、矩值、幅值、紧致性等。结构法是一种基于多样化特性的纹理基元集合形态分析方法，确定纹理基元，然后运用句法模式识别理论，采用形式语言工具来精确地描述和解析纹理的排列规律。

结构法适用于规则的纹理分析，这种分析方法更容易使人们理解纹理的构成，并进行相关检索。在自然纹理的描述中，由于基本构成元素（即基元）不易提取，且这些元素间的排列模式难以通过明确的数学模型进行刻画，结构法不适用于随机纹理的描述，它是一种辅助工具。[①]

1.2.3 几何特征

在物体识别中，几何特征是目标物体的重要组成部分。对于模式识别和计算机视觉，物体的几何形状不仅是其本质属性，还能够衍生出边

---

① 张强. 基于几何特征的目标识别及跟踪技术的研究 [D]. 长春：长春理工大学，2008.

界、法线等附属特性。同时，这些特征可以被人类视觉直观地捕捉，使得相关的提取与处理过程更加直观和高效。

地物的形状在一定程度上代表了图像的形状，因此地物的形状不同，图像的形状也会有所不同，图像形状能够反映地物的一些性质。地物的图像形状大概可以分为岛状、斑状、扇状、环状、带状等，如表 1-3 所示。①

表 1-3　地物形状分类

地物类型	树、建筑	河流	道路、沟渠	农田、植被	三角洲、冲积扇	海岸带	沼泽
几何类型	点	曲线	直线	区域			
几何形状	点状体	线状体		面状体	扇状体	带状体	斑状体

一般情况下，面状对象可以分成以下几个类别：间断且成片的对象，如森林、湖泊、草地等；分散但面积较大的对象，如果园、石林等；呈线状或带状分布的对象，如道路、河流、海岸等；分布面积较小或者呈点状分布的对象，如独立的一棵树、单个的建筑等。

1）尺寸

人们可以通过地物在图像上所占的像元数表示地物的大小，也可以通过计算实际占地面积来衡量地物的大小。另外，人们还可以将栅格图像转换为矢量格式，以进行更精确的测量，对象的规模通常由面积、长度、边界间距等加以描述。

通常情况下，目标物体的边界长度被视为物体的周长，在识别具有简单形状或者复杂形状的物体时，其非常有用。将周长 L 定义为边界上

---

① 杨桃. 基于多特征空间的遥感专题信息自动提取方法研究 [D]. 长春：东北师范大学，2003.

的像元总数目。

对目标物体的边界进行跟踪后，生成了数字化的轮廓曲线 $\{P = p_1, p_2, p_3, p_4, \cdots, p_n\}$。若该曲线上包含的像元点数量为 n，则目标物体的周长 L 可直接表示为 n，即 $L=n$。[①]

面积是描述物体整体大小的一种基本几何特征，用来表示其在平面上的占用范围。面积的计算仅依赖物体的边界形状，与内部的颜色或亮度变化无关。对面积进行分析，然后对物体的规模进行量化，进而为图像处理和模式识别中的目标特征提取提供重要的依据。面积的算法有以下两种。

（1）直观的面积算法是统计物体边界内部（包括边界上的）所有像元的数量。在这一定义下，对区域内的像元点进行总计。[②] 对于大小为 $N \times M$、亮度分布为 $f(x, y)$ 的图像，其面积计算可以通过下式实现。

$$A_{\text{area}} = \sum_{i=1}^{N} \sum_{j=1}^{M} f\left(x_i, y_j\right) \qquad （1\text{-}21）$$

在二值图像中，物体和背景分别以 1 和 0 表示。面积的计算可以通过统计所有值为 1 的像元数量完成，用 $f(x_i, y_i) = 1$ 表示，即物体区域内像元总数就是其面积。

（2）利用边界坐标计算面积。格林定理表明，在 XY 平面中的封闭曲线的面积由其轮廓积分决定，即

$$A_{\text{area}} = \frac{1}{2} \oint (x\mathrm{d}y + y\mathrm{d}x) \qquad （1\text{-}22）$$

在式（1-22）中，积分沿着目标物体的闭合边界曲线进行。为了简

① 张强．基于几何特征的目标识别及跟踪技术的研究 [D]．长春：长春理工大学，2008．

② 陈小超．基于几何特性的飞机目标特征提取技术的研究 [D]．长春：长春理工大学，2006．

化计算，对其进行离散化处理，公式（1-22）可相应转化为离散形式，如下式所示。

$$A_{area} = \frac{1}{2} \sum_{i=1}^{n} \left[x_i \left(y_{i+1} - y_i \right) - y_i \left(x_{i+1} - x_i \right) \right] \tag{1-23}$$

式中，n——边界点数目。

2）形状

地物的形状是指地物外在轮廓的几何特性，它能够用来描述地物的空间结构和形态。不同类型的地物往往表现出不同的形状，如河流和道路呈线状，居民地呈不规则块状，农田呈规则的矩形。形状的量化可以通过不对称指数、密度指数、紧凑度、椭圆率等计算。[①] 这些参数的计算依赖地物像元的空间分布，并常以协方差矩阵作为统计分析的基础，为地物分类与识别提供重要依据。

$$S = \begin{pmatrix} \text{Var}(X) & \text{Cov}(YX) \\ \text{Cov}(XY) & \text{Var}(Y) \end{pmatrix} \tag{1-24}$$

在式（1-24）中，X 和 Y 分别表示目标物体内所有像元在空间中对应的横坐标值（x）和纵坐标值（y），是构成目标物体形态的基础位置参数。

（1）图像的目标中心。根据实际情况来讲，目标图像不可能是一个点，但是通常用物体的中心点描述目标物体的位置。图像的中心点是指整个图像区域的几何质心或质量平衡点，如图 1-9 所示。

---

① 邓刘昭芦. 基于 MSRC 的遥感影像面向对象分类研究 [D]. 株洲：湖南工业大学，2014.

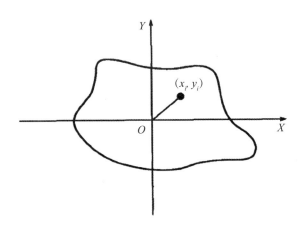

图 1-9　目标物体的位置中心

　　在二值图像中，质量分布均匀，中心点通常被定义为形心，也就是说质心与形心是重合的。中心点的确定在图像处理、目标识别和模式分析中具有重要作用，常用来描述物体位置、对齐形状，或进行特征提取。将目标物体的质心统称为中心，对于面积 $N \times M$ 维目标物体的二值图像 $f(x, y)$，其对应的像元位置坐标为 (x_i, y_i)。其中 $i=0, 1, \cdots, N-1$；$j=0, 1, \cdots, M-1$。图像的中心 $(\bar{x}, \bar{y})$ 计算公式为

$$\bar{x} = \frac{1}{N} \sum_{i=1}^{N} x_i, \bar{y} = \frac{1}{M} \sum_{j=1}^{M} y_j \qquad (1\text{-}25)$$

　　（2）图像的紧凑度。图像的紧凑度用来衡量目标物体填充其最小外接矩形的程度，定义为目标物体像元数与最小外接矩形面积的比值。最小外接矩形的面积可以通过长度和宽度的乘积计算，紧凑度反映了目标物体在其边界框内的分布密集程度，是表现目标物体形状的重要参数。

　　（3）复杂度。复杂度是衡量目标物体形状的参数，定义为目标边界像元数量与目标区域总像元数量的比值。在数字图像中，边界像元数量等同于目标边界曲线的周长 L，而目标区域总像元数量代表目标物体的面积 A_{area}。通过边缘检测和边界跟踪技术，可以精确地提取目标物体的

轮廓曲线，并统计边界像元点的数量，从而计算出周长 L，为目标物体复杂度的计算提供基础。

$$F = \frac{L}{A_{\text{area}}} \qquad （1\text{-}26）$$

（4）距离。对于图像中 $P(i,j)$ 和 $Q(h,k)$ 之间的距离，通常使用下面 3 种距离测算方法。

①欧几里得距离。

$$d_{\text{e}}(P,Q) = \sqrt{(i-h)^2 + (j-k)^2} \qquad （1\text{-}27）$$

② 4 邻域距离。

$$d_4(P,Q) = |i-h| + |j-k| \qquad （1\text{-}28）$$

③ 8 邻域距离。

$$d_8(P,Q) = \max(|i-h|,|j-k|) \qquad （1\text{-}29）$$

式中，d——点 P 与点 Q 的距离；

　　　i——点 P 的横坐标；

　　　j——点 P 的纵坐标；

　　　h——点 Q 的横坐标；

　　　k——点 Q 的纵坐标。

1.3　遥感图像特性

遥感图像作为目标识别、地形图测绘、地理信息系统数据采集及其他专业领域属性信息提取的基础资料具备多平台搭载、多传感器协同、分辨率多级划分及时相多段覆盖的特征。各类遥感图像因自身特性差异在判读时呈现出不同的技术要点与分析逻辑，其多元属性既体现在数据获取的平台与传感器配置层面，也反映在分辨率层级和时间序列的信息维度上。

当前遥感图像的类型繁杂多样，但是分类标准尚未达成统一的规范，普遍采用的分类方式有以下五种。各类图像因分类依据存在差异而缺乏统一界定致使分类体系呈现出多元的状态，而这五种分类方法在实际应用中较为常见。

（1）从图像获取高度的维度划分可分为地面图像、航空图像与航天图像，因为航天图像大多通过卫星采集，所以也常被称作卫星图像。这种按高度区分的分类方式将图像获取平台的空间位置作为核心依据，其中地面图像源自地表采集设备，航空图像依托飞行器搭载传感器获取，而航天图像则依赖卫星平台完成数据采集，三类图像因获取高度不同呈现出差异化的技术特征与应用场景。

（2）以图像获取方式为划分依据可分为摄影图像、光机扫描图像、CCD 图像和雷达图像。这种分类将数据采集的技术手段作为关键标准，摄影图像通过光学摄影设备生成，光机扫描图像依靠机械扫描与光学探测结合获取，CCD 图像借助电荷耦合器件完成光电转换成像，雷达图像则利用电磁波反射原理实现探测成像。

（3）根据不同的投影方式，图像可划分为中心投影图像与距离投影图像两大类。其中中心投影图像又可依据投影中心的位置进行细分，包括以一个面为投影中心的面中心投影图像，以一条线为中心的线中心投影图像又称行为中心的行中心投影图像以及以一个点为中心进行投影形成的点中心投影图像。每种方式在几何结构与图像成像特点上各具特征，适用于不同的图像分析与处理场景。

（4）依据所记录的电磁波波段不同，图像可以分为蓝光图像、绿光图像、红光图像、全色图像、近红外图像、热红外图像以及微波图像。这些图像类型各自对应特定波段的信息获取并具备不同的成像特性和应用价值。

（5）以图像颜色为分类依据，遥感图像可划分为黑白图像和彩色图像，其中彩色图像按照颜色与地物的实际色彩的对应关系还能进一步分为真彩色图像和假彩色图像。

摄影图像通常是借助光学成像系统并以胶片方式记录形成的图像内容，根据摄影设备结构形式的不同，可将其划分为框幅式（又称画幅式）、全景式、缝隙式以及多光谱摄影机四种类型。在地形图绘制中常采用框幅式摄影图像与多光谱图像，这两种图像在几何性质上基本一致。而全景图像由于成像几何关系较为复杂，更多地应用于目标侦察等特定场合。

1.3.1　框幅式摄影图像的几何特性

框幅式摄影图像属于所摄区域的中心投影成像，地面物体的电磁波辐射信息经由固定的投影中心（即摄影机镜头中心）投射到像平面形成影像。影响地物属性识别的几何特性包含物像对应关系、图像比例尺、影像变形规律以及分辨率等要素。这些几何特征通过投影关系直接作用于图像对地物的表征精度，其中物像关系决定地物与影像的映射规则，比例尺影响实地与图像的尺寸换算，变形规律反映地形起伏导致的影像失真情况，而分辨率则制约着细节信息的识别能力。

1）像点与地面点的坐标关系

框幅式摄影机获取的图像，像点与相应地面点之间满足共线方程，即

$$\begin{cases} x = -f\dfrac{a_1(X-X_S)+b_1(Y-Y_S)+c_1(Z-Z_S)}{a_3(X-X_S)+b_3(Y-Y_S)+c_3(Z-Z_S)} \\ y = -f\dfrac{a_2(X-X_S)+b_2(Y-Y_S)+c_2(Z-Z_S)}{a_3(X-X_S)+b_3(Y-Y_S)+c_3(Z-Z_S)} \end{cases} \quad (1-30)$$

式中，f 为摄影机焦距；(x, y) 为像点在像平面坐标系中的坐标；(X, Y, Z) 为像点所对应的地面点在地面坐标系中的坐标；(X_S, Y_S, Z_S) 为摄站在地面坐标系中的坐标；$(a_i, b_i, c_i, i=1,2,3)$ 为外方位元素所确定的地面坐标系与像坐标系之间旋转矩阵的元素，即方向余弦。

2）图像比例尺

图像比例尺是图像上某线段长度与地面相应长度之比。当图像水平、地面平坦时，图像的比例尺为一常数，即

$$\frac{1}{m} = \frac{f}{H} \quad (1-31)$$

式中，m 为像片比例尺分母；f 为摄影相机的焦距；H 为相对航高（平台高度）。

当图像不水平、地面有起伏时，图像的比例尺为

$$\frac{1}{m} = \frac{(f - y_c \cdot \sin\alpha)^2}{H \cdot \sqrt{\left[(f - y_c \cdot \sin\alpha)\cos\varphi + x_c \cdot \sin\alpha \cdot \sin\varphi\right]^2 + f^2 \cdot \sin^2\alpha}} \quad (1-32)$$

公式（1-32）中的像点坐标，定义在以等角点为坐标原点，等比线作为 x 轴，主纵线作为 y 轴所构建的平面坐标系统内；其中，α 表示图像的倾斜角度，φ 则代表像片中某一线段与 x 轴之间所形成的夹角。

（1）倾斜像片的比例尺因点位不同而存在差异，这种比例尺的变化源于像片倾斜导致的投影差异，使得不同位置的地物在像片上的缩放比例呈现出不一致性，同一像片内各区域的比例尺会随点位变化而改变。

（2）像点比例尺具有方向性特征，这种方向性表现为同一像点在不同方向上的缩放比例存在差异，源于像片倾斜或投影变形对不同方位地物的影响程度不同，使得比例尺参数在二维平面中呈现出方向依赖性。

（3）当地形存在起伏时，像点对应的高程值 H 会发生改变。这种变化源于地面高度差异对投影关系的影响，使得同一像点在不同高程条件下的缩放比例出现波动，反映出地形起伏与像比例尺之间的关联性。

3）图像的变形规律

框幅式摄影成像会受诸多因素影响，包括物镜畸变差、大气折光差、地球弯曲、图像倾斜以及地形起伏等。其中前三种因素引发的形状变形程度较轻，对图像判读的影响相对较小，而倾斜误差和投影误差所导致的变形则不容忽视。

（1）倾斜误差。摄影时因像平面倾斜而引起的像点移位称为倾斜误差，图 1-10 是倾斜误差原理图示，倾斜误差的计算公式是

$$\delta_\alpha = \frac{r_c^2 \cdot \sin\varphi \cdot \sin\alpha}{f - r_c \cdot \sin\varphi \cdot \sin\alpha} \qquad （1-33）$$

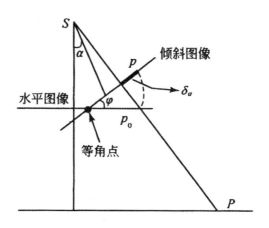

图 1-10　倾斜误差原理图

在式（1-33）中，可以看出像点倾斜误差的变化规律，如图 1-11 所示。

①沿等比线方向的图像基本不存在倾斜偏差，而在主纵线方向上则出现最显著的倾斜误差。

②像点倾斜误差的方向位于等角点辐射线上，且辐射距离越大，倾斜误差越大。以等角点为对称中心的两像点，其倾斜误差大小相等但符号相反。这种误差分布规律由像片倾斜的几何特性决定——等角点辐射线作为误差方向的基准，辐射距离的增加会放大投影变形量，而对称点位因投影方向相反，导致误差符号呈现对称性差异。

③等比线将整个像片划分为两个区域：一个是位于主点所在区域，另一个是包含底点的区域，各个像点则呈现出远离等角点的偏移趋势。

（2）投影误差。投影误差是由于地面起伏而引起的像点移位。无论图像是否水平，高于或低于某一基准面的点，在图像上的像点与该点在基准面上垂直投影点的构像点之间存在着直线位移，这种位移是中心投影与垂直投影之间差异的反映，故称之为投影误差。

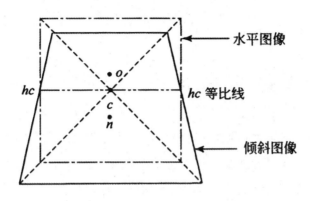

图 1-11　倾斜误差变化规律

在近似垂直的摄影图像上，投影误差按式（1-34）计算

$$\delta_h = \frac{\Delta h}{H} r_n \qquad\qquad (1-34)$$

式（1-34）中，Δh 为像点所对应的地面点的基准面之间的高差；r_n 为底点至像点的距离。

可以看出：

① 投影误差的方向在像点与像底点的连线上，即在像底点的辐射线上；

② 投影误差的符号取决于地面点对基准面高差的符号，当高差为正时，投影误差为正像点背着底点方向向外移位，反之则向着底点方向移位；

③ 同一幅图像上投影误差的大小与辐射距离、高差成正比。当高差一定时，越靠近图像边缘的像点投影误差越大。

（4）图像的分辨率。胶片摄影图像的影像分辨率是指图像再现地物细部的能力，一般采用 1mm 范围内能够分辨出宽度相同的黑白线对的数量表示。在测定了镜头分辨率和胶片分辨率之后，计算影像分辨率的公式是

$$\frac{1}{R_P^n} = \frac{1}{R_L^n} + \frac{1}{R_F^n}$$ （1-35）

在公式（1-35）中，R_P表示影像的综合分辨率；RL代表镜头的分辨率指标，RF则为胶片的分辨率数值；n表示乘方数，一般设定为2。

图像的技术性能可用地面分辨率来评价，地面分辨率属于摄影图像的空间分辨率范畴，指的是影像分辨率里线对宽度所对应的实际地面距离，它能够表明图像上可分辨的最小像点所对应的地面尺寸大小。

1.3.2 缝隙式图像的几何特性

缝隙式摄影图像在每次成像的瞬间仅有一个条带的影像呈现中心投影的特征。而从整幅缝隙式图像来看，其属于所摄地区的行中心投影。

缝隙式摄影图像的成像方式并非逐幅拍摄，而是通过连续曝光来完成，因此相机无需配备快门。要获取清晰且连续的影像需让卷片速度与平台移动速度保持匹配。即

$$v = V \cdot \frac{f}{H}$$ （1-36）

在公式（1-36）里，各个符号代表的含义如下：v代表胶片卷片的速度，V代表平台运动的速度，f代表相机的焦距，H代表平台的高度。

1）像点与地面点的坐标关系

设地面坐标系为$O-XYZ$，像空间坐标系为$S-xyz$，在摄影时刻t所对应的条带内，地面点$P(X, Y, Z)$在像空间坐标系中的坐标为（0，y，$-f$），利用共线条件方程可以描述地面点P与其在缝隙影像中的像点p之间的坐标关系，即

$$\begin{bmatrix} 0 \\ y \\ -f \end{bmatrix} = \frac{1}{\lambda} \begin{bmatrix} a_1(t) & b_1(t) & c_1(t) \\ a_2(t) & b_2(t) & c_2(t) \\ a_3(t) & b_3(t) & c_3(t) \end{bmatrix} \begin{bmatrix} X - X_s(t) \\ Y - Y_s(t) \\ Z - Z_s(t) \end{bmatrix} \tag{1-37}$$

2）图像比例尺

从缝隙式图像的成像特性能够知晓，沿缝隙方向的比例尺和画幅式图像的特征一致。而飞行方向的比例尺主要由胶片移动速度与平台地速的比值决定。当平台姿态保持稳定时飞行方向的比例尺可用公式（1-38）来表示。

$$\frac{1}{m_F} = \frac{v}{V} \tag{1-38}$$

公式（1-38）中，m_F 表示缝隙成像在沿飞行轨迹方向上的比例尺分母，v 指的是胶片在摄影过程中卷动的速度，V 则代表载体平台前进的速度。

当假定地面处于平坦状态（即具有相同的航高 H）并且缝隙图像保持水平时，缝隙方向的比例尺与飞行方向的比例尺会呈现相同的情况，即

$$\frac{1}{m_s} = \frac{1}{m_F} = \frac{v}{V} = \frac{f}{H} \tag{1-39}$$

从上述情况能够看出，在地面平坦且摄影保持水平的条件下，缝隙图像的像片比例尺在各处都相同。不过通常情况下这两个条件很难同时满足，因此缝隙图像的像片比例尺无法做到处处一致，影像变形也必然会出现。

3）图像的变形规律

缝隙式图像因自身行中心投影的特性会产生影像变形主要体现为两方面：一是传感器外方位元素导致的像点移位，二是地形起伏造成的像

点移位。

（1）外方元素变化引起的图像变形。对于每一条缝隙图像而言，由外方位参数造成的像点偏移可视作画幅式图像中 $x=0$ 时的情形，因此其对应的像点偏移量可采用公式（1-40）进行计算。

$$\begin{cases} dx = -\dfrac{f}{H}dX_s - f \cdot \alpha_x + y \cdot \kappa \\ dy = -\dfrac{f}{H}dY_S - \dfrac{y}{H}dZ_s - f \cdot \left(1 + \dfrac{y^2}{f^2}\right)\omega \end{cases} \quad （1-40）$$

在公式（1-40）中，dX_S、dY_S、dZ_S 表示摄影瞬间摄站位置在空间中的位移量；α_x、ω、κ 分别代表该时刻的滚转角、俯仰角与偏航角。

缝隙图像采用行中心投影方式，每一条缝隙对应的外方位参数各不相同，致使整幅图像中因外方位变化所导致的像点位置偏移呈现出较为复杂的规律。

（2）由地形高低变化造成的图像畸变主要包括两种形式：一种表现为像点位置的偏移，另一种则体现在相邻缝隙图像间出现重叠或空缺的现象。

缝隙式图像中，每条缝隙都对应地面的行中心投影，因此由于地形起伏导致的图像变形，在 y 方向上引起的像点偏移（即投影误差）与画幅式图像的情况一致，偏移方向与缝隙排列一致。而在 x 轴方向，像点位置保持不变。地形变化所造成的像点位移大小，与该点在图像上的 y 坐标值、飞行平台高度 H 以及地表的相对高差之间 Δh 存在一定的函数关系。

$$\begin{cases} dx = 0 \\ dy = \dfrac{\Delta h}{H} \cdot y \end{cases} \quad （1-41）$$

地形起伏在成像过程中会导致缝隙影像之间出现断裂，造成图像中出现部分区域重复或缺失的现象，如图 1-41 所展示。设地面相对于基准面的高程差为 Δh，若地表上发生遗漏或重叠的区域宽度为 L，而每条缝隙在基准面上的成像宽度同为 L，则二者的比值可用于衡量该点因地形起伏导致的图像重叠或遗漏程度，并以 γ 表示。

$$\gamma = \frac{l}{L} \approx \frac{\Delta h}{H} \qquad\qquad (1\text{-}42)$$

从式（1-42）可以看出，当 $\Delta h > 0$ 时，γ 为遗漏率；当 $\Delta h < 0$ 时，γ 为重叠率。

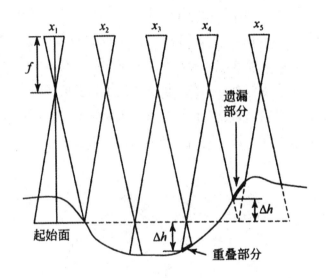

图 1-12　缝隙图像的重叠和遗漏

在进行航天摄影时，因为平台高度相比地面起伏大很多，图像出现重叠或遗漏的情况基本可以忽略，所以航天摄影获得的图像能够视为地面的连续影像。

1.3.3 全景式摄影图像的几何特性

全景摄影机又被称作全景摇头或扫描型相机，其成像机制见图 1-13。这类设备以长焦距著称，部分型号焦距甚至超过 600mm，可在尺寸为 23cm×128cm 的胶片上完成成像。其光学系统结构紧凑、重量较轻，具备极广的拍摄视角，理论最大视场可覆盖 180 度，能够记录从飞行轨迹中心向两侧地平线之间的大范围地貌。

该类型相机利用焦平面上沿飞行方向设置的一条狭缝限定了瞬间的成像范围，因此每次曝光仅记录地面上一条与航向平行的狭窄图带。当物镜沿垂直于飞行方向的轴线来回摆动时便可连续获取整个全景影像。在这类装置中，胶片被安置成弧形布局，每完成一次扫描便推进一帧胶片。由于每一时刻成像都集中在物镜中心极小的视场区域内，图像各部分清晰度较高。但因该相机在拍摄过程中焦距保持不变，而随着扫描角度的增加，物距逐渐拉长，致使影像两侧的比例尺逐步减小产生尺度压缩的现象。

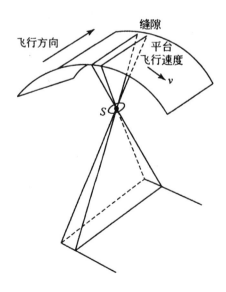

图 1-13 全景摄影机成像原理

1）像点与地面点的坐标关系

在全景摄影的成像过程中，瞬时所获得的像点与其对应的地面目标点之间存在特定的坐标对应关系，二者满足一定的几何转换模型：

$$\begin{cases} x = -f\dfrac{(X - X_S)\cos\theta_t + (Z - Z_S)\sin\theta_t}{-(X - X_S)\sin\theta_t + (Z - Z_S)\cos\theta_t} \\ y = 0 \end{cases} \quad （1-43）$$

式中，(x, y) 为像点在像空间坐标系中的坐标；(X, Y, Z) 为地面点在地面坐标系中的坐标；θ_t 为该条带的瞬时扫描角，此时，$\theta_t = y / f$。

2）图像比例尺

在完全动态的情况下，全景像片的比例尺公式比较复杂。当外方位角元素 α、ω 和 κ 均为零时，在 x、y 方向的像比例尺公式为

$$\frac{1}{m_x} = \frac{f}{H}\cos\theta_t \quad （1-44）$$

$$\frac{1}{m_y} = \frac{f}{H}\cos^2\theta_t \quad （1-45）$$

由此可见，在全景图像上，图像比例尺随着扫描角的增大而减小，当 $\theta_t \to 90$ 时，比例尺并且在 x、y 方向有不同的比例尺趋向无穷小，并且 x、y 方向有不同的比例尺。

3）全景图像的影像变形

全景图像是由全景式传感器获取的图像，很明显其影像变形主要有外方位元素的不同引起的误差、地形起伏引起的投影误差以及投影方式引起的全景畸变 3 种形式。对于地形判读来说，影响最大的是第三种变形。

全景图像的比例尺是处处不一致的，而且在平台飞行方向（x方向）和扫描方向（y方向）上也不相同，并且随着扫描角的增大比例尺迅速减小。

（1）外方位元素引起的影像变形。全景图像因外方位元素引起的影像变形，可用式（1-46）描述：

$$\begin{cases} \mathrm{d}x = -\dfrac{f}{H}\cos\theta_t \cdot \mathrm{d}X_S - \dfrac{x}{H}\mathrm{d}Z_S - f\cos\theta_t\left(1 + \dfrac{x^2}{f^2\cos^2\theta_t}\right)\mathrm{d}\alpha \\ \quad -x\cdot\tan\theta_t\mathrm{d}\omega + f\sin\theta_t\mathrm{d}\kappa \\ \mathrm{d}y = -\dfrac{f}{H}\cos^2\theta_t \cdot \mathrm{d}Y_s - \dfrac{f}{H}\sin\theta_t\cos\theta_t\mathrm{d}Z_s - x\sin\theta_t\mathrm{d}\alpha \\ \quad -f\cdot\mathrm{d}\omega - x\cos\theta_t\mathrm{d}\kappa \end{cases} \tag{1-46}$$

式中，$\mathrm{d}x$、$\mathrm{d}y$分别为平台飞行方向和扫描方向上影像变形大小；θ_t为成像时t时刻的扫描角；$\mathrm{d}X_S$、$\mathrm{d}Y_S$、$\mathrm{d}Z_S$，为摄站坐标变化值；$\mathrm{d}\alpha$、$\mathrm{d}\omega$、$\mathrm{d}\kappa$为外方位角元素变化值。

（2）投影误差引起的影像变形。投影误差可表示为根据全景图像获取的原理，参照框幅式摄影图像的投影误差公式，地面点在全景图像上的投影误差可表示为

$$\begin{cases} \delta_x = \dfrac{x}{H}\cdot\Delta h \\ \delta_y = \dfrac{f\sin\theta_t\cdot\cos\theta_t}{H}\cdot\Delta h \end{cases} \tag{1-47}$$

式（1-47）中，Δh为地面点相对于地底点的高差；θ_t为成像时t时刻的扫描角。

（3）全景畸变引起的影像变形。实际上一幅全景图像在获取的过程中摄站位置是变化的，由此产生的影像变形称为动态变形。若平台飞行速度为v，在每条缝隙成像的时间$\mathrm{d}t$内，平台相对于地面移动的距离为$\mathrm{d}X_S = v\cdot\mathrm{d}t$。

$$\begin{cases} \mathrm{d}x = -\dfrac{f}{H}\cos\theta_t \cdot v \cdot \mathrm{d}t \\ \mathrm{d}y = 0 \end{cases} \tag{1-48}$$

在动态条件下，必然引起扫描角的改变量，若扫描角为 θ_t，则

$$\mathrm{d}t = \frac{\mathrm{d}\theta_t}{\theta_t} \tag{1-49}$$

将式（1-48）代入式（1-49），则有

$$\begin{cases} \mathrm{d}x = \dfrac{f}{H \cdot \theta_t} v \cdot \cos\theta_t \cdot \mathrm{d}\theta_t \\ \mathrm{d}y = 0 \end{cases} \tag{1-50}$$

图 1-14 表示了在动态条件下全景式摄影图像的变形规律。一般情况下，用于航天摄影的全景式摄影机都有像移补偿装置，从而有效地消除全景动态变形。

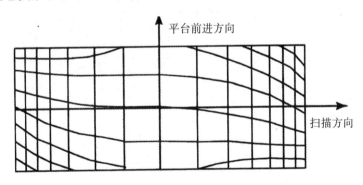

图 1-14　动态全景式摄影图像的变形规律

第 2 章　遥感图像预处理

2.1　遥感图像校正

遥感图像在成像过程中会受到多种因素的影响，常会出现几何变形问题，使地物点的图像坐标与地理坐标之间存在偏差。这种变形会降低图像的质量，影响其在实际中的应用，因此需要通过几何校正解决这种问题。几何校正的核心任务是建立图像像元坐标与地物地理坐标之间的对应关系，使图像数据与地图投影系统保持一致。在这一过程中，图像坐标被视为校正的起点，而地理坐标被视为校正的目标终点。

在对遥感图像进行几何校正之前，需要根据图像的几何畸变特征及可用的校正数据选择合适的校正方法，并计算校正公式中的相关参数。如果不考虑地形引起的几何变形，通常采用多项式校正法。涉及地形影响时，需要明确地物点的图像坐标与地理坐标之间的数学关系，即构像方程。不同传感器的成像方式决定了构像方程的形式有所不同。中心投影方式常见于光学成像，包括面中心投影、线中心投影和点中心投影；非中心投影方式主要是斜距投影，典型应用包括雷达成像和声呐成像。这些投影方式的差异直接影响校正模型的选择和具体实施方法。

在遥感图像的成像过程中，由于多种复杂因素的影响，传感器接收到的电磁波能量往往与地物真实的辐射能量不一致。传感器记录的能量可能存在由太阳位置和角度、大气状况、地形变化、传感器自身性能等因素引起的辐射误差。这些误差与地面目标物体的实际辐射特性无关，但会对图像的解读和实际应用产生干扰。由此看来，需要通过校正手段消除辐射失真的隐患，进而恢复图像的真实性和可靠性。

2.1.1 遥感图像的误差分析

1）遥感图像的几何变形

遥感图像的几何变形是指图像中像元的位置坐标与地图坐标系中的地物坐标之间存在差异，主要分为系统变形和非系统变形两类。其中，系统变形主要是由内部误差引起的，这些误差的产生通常是因为遥感器本身的性能及技术指标偏离设计标准，如透镜焦距的偏差、投影面不平整、传感器扫描速度波动等。对遥感平台的位置、扫描范围和投影方式进行分析，可以计算出图像中各位置像元的几何位移。系统变形通常具有可预测性，在大多数情况下，能够在遥感数据发布之前消除大部分系统误差，减少对用户的影响。

非系统变形是由外部误差引起的，通常来源于遥感平台的不稳定性及环境因素的变化。遥感器平台的高度、位置、速度和姿态的波动，地球曲率效应，以及空气折射率的变化都会导致此类误差。非系统变形存在很多的不确定性，因此难以预测，其几何校正的核心目标就是消除这类变形，对地面控制点进行分析，实现遥感图像与标准图像或地图的几何配准，确保图像的准确性和实用性。

（1）传感器成像方式的影响。中心投影与斜距投影是传感器的主要成像方式。在垂直摄影和地形平坦的情况下，地物与中心投影影像之间的几何具有相似性，几乎不受成像方式的影响。因此，中心投影经常被用来研究和分析其他投影方式所产生的图像变形规律。[1] 侧视雷达是一款斜距投影类型的传感器，如图 2-1 所示。S 为雷达的天线中心，Oy' 为等效的中心投影成像面，雷达图像坐标 p 与等效中心投影图像坐标 p' 的差值即为投影变形，y 与 y' 之间的虚线代表雷达图像坐标 p 与对应的投

① 白新伟，孙文邦. 航空遥感图像处理 [M]. 北京：冶金工业出版社，2023：113.

影图像坐标 p'。图像的变形程度与雷达图像坐标 p 距离原点 O 的远近有关，雷达图像坐标 p 距离原点 O 越近，变形越显著。

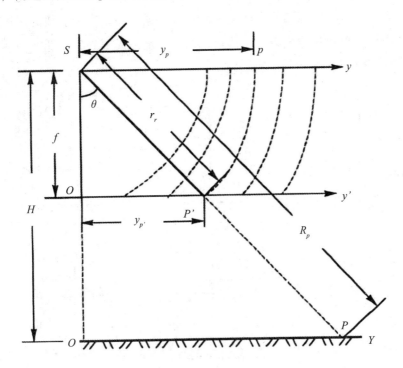

图 2-1 斜距投影变形

（2）传感器外方位元素变化的影响。传感器外方位元素的变化是指在成像过程中传感器的外部参数发生偏移或调整，包括位置参数（X_S，Y_S，Z_S）和姿态角参数（φ，ω，γ）的变化。位置参数决定了传感器在空间中的具体位置，而姿态角参数描述了传感器的方向和倾斜角度。这些元素的变化直接影响传感器的成像精度，导致图像出现几何变形或位移。一般情况下，这种变化是由外界环境因素、传感器运动等引起的，通过使用传感器的构像方程，对这些误差进行量化和校正。传感器成像的位置参数（X_S，Y_S，Z_S）的变化会使图像出现平移，并使图像的比例发生变化，俯仰角 $\mathrm{d}\omega$ 与滚动角 $\mathrm{d}\kappa$ 的改变可能引发图像的非线性畸变，偏航角 dφ 的变化会使图像产生旋转效应，如图 2-2 所示。例如，当平台高度增加时，影像的比例尺会缩小；当平台高度降低时，影像的比例尺会放大。若平台围绕飞行方向发生滚动，影像会在垂直于航线的区域内出现压缩现象或拉伸现象。俯仰运动时，若前端向下倾斜，图像前方区域会被压缩，而后方区域会被拉伸。

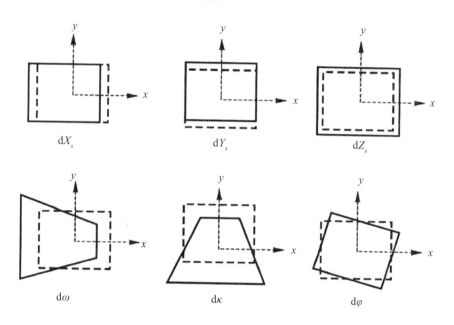

图 2-2　外方位元素引起的图像变形

在动态扫描过程中，每个扫描时刻都会针对特定的像素或扫描线生成独立的构像方程。由于传感器在不同时刻的外部位置参数可能发生变化，变形误差方程只能描述某一时刻图像中相应点或线的变形特征。因此，整幅图像的变形实际上是由多个扫描瞬间的局部变形逐步累积形成的。为了减少飞行器的偏航、翻滚和俯仰运动对传感器的影响，高性能的卫星与探空遥感设备通常配备陀螺稳定器。

（3）地形起伏的影响。当地表地形复杂多变时，地面上的各点相对于一个固定基准面的高度差异，会引发位置偏移，这种偏移是这些点在基准面上直接垂直投影的直线距离，如图 2-3 所示。

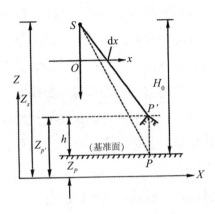

图 2-3　地形起伏的影响

在采用中心投影技术的情况下，地形的垂直起伏可以通过地面上各点 Z_P 坐标（代表高度信息）的变化加以描绘。

$$dZ_P = Z_{P'} - Z_P = h \qquad (2-1)$$

在垂直摄影条件下，将外方位元素视为无误差的参数，通过共线方程进行推导，从而得到相关结果。

$$dx = \frac{x}{Z_S - Z_P} h \qquad (2-2)$$

$$dy = \frac{y}{Z_S - Z_P} h \qquad (2-3)$$

投影误差的大小与几个因素密切相关，它与底点至像点的距离、地形的高低起伏成正比，但与飞行平台的海拔高度成反比。此误差沿底点向外辐射的方向延伸，地面点若高于基准面，其投影误差将指向远离底点的方向；若地面点低于基准面，投影误差朝向底点。

（4）地球曲率的影响。地球拥有球状形态，其表层呈现出弯曲的特征。地球曲率对成像过程产生的影响主要体现在两大方面。①像点位移。将地图投影平面定义为地球的切平面时，地面点 P_0 与其在投影平面上的对应点 P 之间会形成高度差 Δh，这一高度差会导致像点在像平面上的位置发生偏移。这种由地球曲率引起的像点偏移，与地形起伏引发的像点位移机制十分相似，若将地球表面（假设为球面）上各点到切平面的正射投影距离视为一种系统性的地形起伏现象，就可以利用之前推导的像点位移公式来评估地球曲率对成像的影响，如图 2-4（a）所示。将正射投影距离代入地形起伏公式，并将高度差 Δh 替换为该投影距离，即可推导出用来计算地球曲率对像点偏移影响的数学公式。②像元对应地面的长度不等。对于垂直航迹扫描传感器，其数据获取是通过扫描实现的，每次采样的间隔均为星下视场角的等分间隔，如图 2-4（b）所示。在地面平坦且瞬时视场宽度较小的情况下，地面投影点 L_1、L_2、L_3、L_4 之间的距离差异较小。然而，由于地球表面存在曲率，对应地面的点 P_1、P_2、P_3、P_4 之间的距离差异显著增加。距离星下点越远，地面所对应的实际长度越长。当扫描角度增大时，这种影响会变得更加明显。

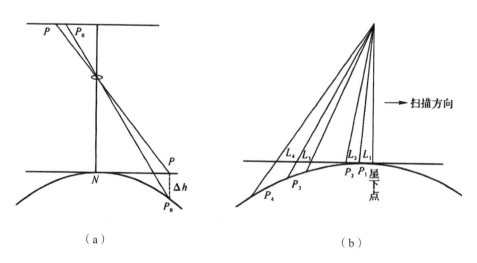

（a） （b）

图 2-4 地球曲率的影响

（5）大气折射的影响。大气折射是指由于地球大气层的密度分布不均匀，光线在传播过程中发生弯曲。这种现象对遥感、天文学、地面观测等领域产生了显著影响。[①] 大气层密度随着高度的增加而逐渐减小，这种密度差异导致电磁波的折射率随高度变化，进而使电磁波的传播路径偏离直线而呈现曲线形状，这种路径弯曲的现象会导致像点位置发生偏移。

中心投影是一种方向投影成像方式。在这种成像模式下，成像点的位置取决于地物点入射光线的方向。在无大气干扰的情况下，地物点 A 通过直线光路 AS 成像于 a_0 点；在大气干扰的情况下，光路 AS 因折射而变为曲线，最终使地物点 A 成像于 a_1 点，如图 2-5（a）所示。这种由大气折射导致的成像偏移便是像点位移。

侧视雷达采用距离投影成像方式。在这种成像模式下，成像点的位置取决于电磁波传播路径的长度（即斜距）。没有大气干扰时，地物点 P 的斜距为 R，其通过距离投影成像于影像点 p；有大气干扰时，电磁波路径由于折射变为弧形，其等效斜距变为 R'，影像点从原位置 p 移动到 p'，如图 2-5（b）所示。

---

① 宋伟，宋凯，武伟. 大气折射对雷达测角的影响 [J]. 舰船电子工程，2024，44（9）：78-82.

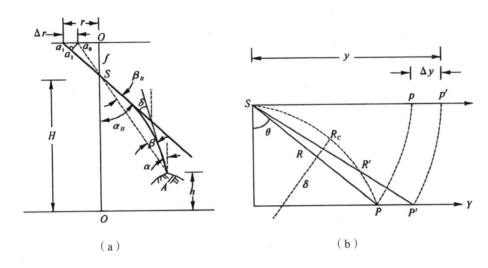

（a）   （b）

图 2-5　大气折射的影响

（6）地球自转的影响。地球自转使得阳光照射地球的角度连续变化，形成了昼夜更替的周期性变化。由于地球既不发光也不透明，被太阳光照射到的部分是白天，而未被太阳光照射到的部分是黑夜。遥感系统在固定轨道运行时，受地球自转的影响，捕获的影像会发生几何变形。如果这些数据未被校正，其在数据集中的定位将出现偏差，一般情况下，会向东偏斜一个位移，这个位移是一个可预测的量。偏斜校正就是将影像中的像元向西进行位移调整，位移大小根据卫星和地球的相对速度及影像框幅长度的函数确定，大多数卫星影像数据供应者会对遥感数据进行自动的几何偏斜校正。

2）遥感图像的辐射失真

理想状况下，遥感传感器应能无误差地捕捉地面物体的光谱特征，且与实地近距离测量数据保持一致。然而，在实际操作中，传感器的性能、大气状况、光照条件等多种因素会干扰传感器接收的辐射量，导致其与地面物体实际辐射值出现偏差，这种偏差被称为辐射误差。辐射误差会使影像失真，进而对遥感图像的解读和应用造成一定的影响。具体来讲，辐射误差主要包括 3 个部分，分别为传感器辐射误差、大气辐射误差及太阳辐射误差。

（1）传感器辐射误差。传感器辐射误差具有多样性，常见的类型包括由光学系统特性、光电转换系统特性、探测器故障引发的误差。这些数据偏差通常发生在数据生产阶段，由负责单位（如地面站）依据传感器的具体参数进行相应的校正工作。

①光学系统特性。当使用透镜光学系统对地物进行拍摄时，透镜光学的非均匀性会导致相同地物在图像中心与边缘的灰度不一致，容易产生"边缘减光"的现象。在理想的光学系统中，光线通过光轴到达摄像面边缘的视场角 θ 与某点的光量之间存在近似正比于 $\cos^n \theta$ 的关系，利用这一特性，可以实施 $\cos^n \theta$ 校正。

②光电转换过程。在扫描式传感器中，接收的电磁波信号需要经过光电转换为电信号，在这个过程中，可能会产生一定的辐射偏差。由于光电转换系统具有很高的灵敏度和重复性，它可以对地面进行定期的测定和修整，进而确保数据的可靠性。

③探测器异常工作。当探测器无法正确地记录光谱数据时，会出现坏像元。这些像元通常以极端值的形式（如 0 或 255）在图像中随机分布，这种现象被称为散粒噪声，可以采用均值滤波或者中值滤波对这些异常像元进行处理，进而减少异常像元对图像解译的影响。

在扫描式成像过程中，若某个探测器完全失效，对应的一整行或一整列像元将无法采集光谱数据，进而在某波段影像上呈现出一条黑线。当出现行与列的缺失时，可以通过插值进行修补。这种方法主要根据相邻扫描行（列）的像元辐射值，对缺失部分的亮度信息进行填补。

如果探测器工作的时候，没有对其进行相应的辐射调整，就会因定标不准而使相应的行（列）产生偏亮或者偏暗的现象，形成与周围区域差别明显的条带，即所谓的条纹效应。在这种情况下，可借助空域技术或频域技术对条纹进行削弱与校正，提升影像在后续目视解译和分析中的精度与可用性。

（2）大气辐射误差。大气辐射误差通常是由两种原因造成的，一种是大气的散射，另一种是大气的吸收。电磁波在大气中传输时，会受到大气分子的散射作用，使得部分辐射能量偏离原来的传播方向，增加了到达传感器的辐射能量。这种散射作用会降低遥感图像的对比度，散射增加的亮度值并不包含地面信息，这使图像的可分辨性降低。[①]大气中的某些成分（如水汽、二氧化碳等）会吸收特定波长的电磁波，使这些波长的辐射能量在传输过程中减少，这种吸收作用会改变遥感图像中地物的光谱特征，影响图像的解译和分类的精度。

通常情况下，大气辐射会造成以下几个方面的影响。①图像质量下降。大气辐射误差会导致遥感图像中出现模糊、对比度降低等现象，使得图像中的地物特征难以被准确识别。②定量分析误差。由于大气辐射误差的存在，遥感图像中的灰度值与实际地面目标物体的辐射值之间存在偏差，影响遥感技术的定量分析精度。③自动识别困难。在遥感图像的自动识别过程中，大气辐射误差会使同类地物的灰度值不一致，增加识别的难度。

（3）太阳辐射误差。太阳辐射误差主要来源于太阳高度角的变化和地形的起伏，进而造成传感器接收到的辐射信息与地物真实情况之间的差异。①当太阳高度角不同时，即使传感器与大气条件相同，地表接收到的太阳辐射量也会有明显的差异。对于同一地物，垂直照射和倾斜照射所产生的入射辐射强度不同，最终在影像上呈现的亮度（或灰度）不同，形成"同物异谱"现象。尽管为了减少太阳高度角的变化带来的影响，卫星通常在固定的地方和相同的时间通过当地上空，但是由于季节性与区域性的差异，这一误差无法避免。②地表地形起伏同样会造成影像中辐射强度分布的不均。对于水平地表和倾斜坡面，在同样的太阳光

---

① 王凤华，王英强. 空间遥感图像预处理技术 [M]. 北京：国防工业出版社，2020：259.

照条件下，坡度和坡向的不同会导致地物反射亮度出现较大偏差。阳坡与阴坡的同类地物在影像中会出现亮度差异，形成所谓的"同物异谱"现象。对地形造成的光照差异进行校正，使反射特性相同的地物在不同的地形条件下呈现一致的亮度值。

2.1.2　遥感图像的辐射校正

通常情况下，遥感成像会经过大气层、地球表面、传感器等，这个过程比较复杂。在这一过程中，传感器的性能、大气状况、太阳高度角等多种因素会对观测结果产生干扰，进而导致卫星观测到的地表辐射能量与地面直接观测到的数据存在一定的差异。在这种情况下，可以使用遥感图像辐射校正技术来纠正这种辐射误差，进而恢复图像中地表物体的真实反射和辐射特性，保证观测数据更加接近地面物体的真实情况。

在辐射校正过程中，首先输入传感器的数字测量值；然后进行大气校正，这个步骤主要是为了消除大气辐射的散射，恢复地表辐射的亮度与反射率；最后对太阳高度角、地形进行校正，排除地形起伏和光照角度差异造成的亮度不一致，如图 2-6 所示。因此，可将辐射校正的顺序总结为传感器校正、大气校正、太阳高度角和地形校正。这一校正顺序与成像时相应误差的产生顺序相反，其能够确保最终得到准确反映地物光谱特性的遥感影像。

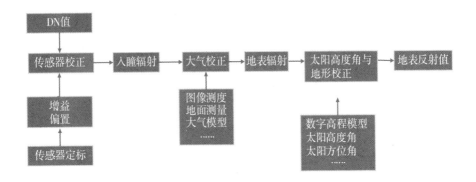

图 2-6　辐射校正的流程图

1）传感器校正

在扫描式传感器的工作中，每个波段捕获到的电磁波会先通过光电转换变成电信号，随后被量化成离散的灰度等级 DN 值。这些 DN 值仅能反映相对辐射强度，无法直接展现目标物体的真实辐射特征。因此，需要基于已有的地物反射率与 DN 值之间的对应关系，将原始 DN 数据映射到具备物理意义的辐亮度或反射率，这一过程便是传感器端的辐射校正。

DN 值图像转换成辐射亮度图像的计算公式为

$$L_t = \frac{L_{\max} - L_{\min}}{\mathrm{DN}_{\max} - \mathrm{DN}_{\min}} \times \left(\mathrm{DN} - \mathrm{DN}_{\min} \right) + L_{\min} \qquad (2-4)$$

式中，L_t——图像的辐亮度；

$L_{\min}$——最小 DN 值对应的辐亮度；

$L_{\max}$——最大 DN 值对应的辐亮度。

$L_{\min}$ 与 $L_{\max}$ 可由生产传感器的厂家提供，$\mathrm{DN}_{\min}$ 与 $\mathrm{DN}_{\max}$ 由数据量化等级决定。

对于 Landsat-5 卫星的 TM 传感器，辐照度图像可以通过下式直接计算。

$$L_t = \text{Gain} \times \text{DN} + \text{Bias} \tag{2-5}$$

式中，Gain——增益；

Bias——偏置。

在获取辐亮度之后，可运用相应的数学公式，将其转换为大气层顶的反射率。

$$\rho = \frac{\pi L_\lambda d^2}{\text{ESUN}_\lambda \cos\theta} \tag{2-6}$$

式中，ρ ——发射率；

d——日地距离参数；

ESUN——太阳光谱辐照度；

θ——太阳天顶角。

ρ 在文献中常被称作行星反射率或大气顶面反射率，d 和 ESUN 可以通过查询相关表格获取，θ 可以通过读取数据头文件获取，或者依据卫星的过境时刻进行计算。

传感器辐射定标的目的是在探测器输出的数字量与地物实际辐射亮度之间建立准确的定量关系，为遥感数据的精确定量化奠定基础。具体而言，传感器在发射前需要在实验室完成光谱与辐射定标，通过测量已知亮度的标准辐射源（可见波段和近红外波段使用卤素灯，热红外波段使用黑体），获取数字响应与实际辐射能量的对应函数。

遥感器发射后，空间环境引起的系统老化、探测器温度漂移、电子器件衰减等问题会使原定标参数失准，这时需要借助遥感器内定标装置或外部场地具有已知辐射特性的测试靶标，对探测器进行及时的修正。只有对这些定标参数进行持续更新，才能保证传感器观测到的遥感影像在亮度、反射率等方面的准确率，为后续应用提供高质量的定量化数据支持。同时，对实验室和外场观测结果进行不断的积累，为传感器的性能评估和改进提供重要的参考依据。

2）大气校正

大气校正是遥感数据定量处理中的关键步骤，其目的是减弱遥感图像的大气散射和吸收。电磁波穿过大气层的波段不同，所经历的散射和吸收程度不同，这会使传感器记录的信号与实际地表辐射存在差异。

为了校正这些大气效应，可以借助大气辐射传输模型，通过气溶胶含量、云量、气体成分、地表高程等参数，评估大气对影像的影响，进而获取更接近真实地物反射特征的辐射亮度或反射率。经过大气校正后，遥感影像在地物识别、定量分析、环境监测等方面的准确性能够得到明显提升。

为了校正大气对辐射观测造成的偏差，通常采用两种不同的处理方法，分别为绝对大气校正与相对大气校正，具体方法如图 2-7 所示。

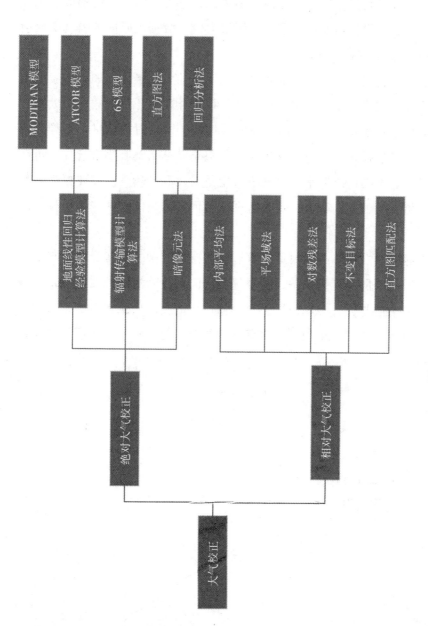

图 2-7 大气校正方法

（1）绝对大气校正。绝对大气校正是通过建立或应用大气辐射传输模型，尽可能完整地模拟电磁波从地表到传感器之间所经历的散射和吸收过程，从而将传感器接收到的"顶层大气"数据还原成地表真实反射（或辐射）特征的技术方法。[①]

在这个过程中，它通常依赖测量或预估的大气条件（如气溶胶的类型和浓度、水汽含量、臭氧含量等），并结合观测几何参数（如太阳天顶角、传感器视角等），利用专业的大气校正模型对影像进行逐像元或分区域的定量校正。绝对大气校正的优势是其结果具有物理意义，可在不同时间、不同传感器平台之间进行定量对比和分析，但需要更准确的外部数据支持，如进行大气探测数据或地面基准场的观测，确保校正的精度。

①地面线性回归经验模型计算。在遥感观测中，通常会使用与卫星探测波段相匹配的光谱设备，在卫星扫描时同步开展野外波谱测量。测量后的波谱值与同一时空位置卫星影像像元的亮度信息相对应，对其进行回归分析，如图2-8所示。准确地厘清二者之间的量化关系，具体量化关系为

$$L = a + bR \tag{2-7}$$

式中，R——地面反射率；

L——像元输出值；

b——增益值；

a——偏差项。

---

① 朱蕾. 土地利用／覆被变化及对生态安全的影响研究[M]. 上海：上海财经大学出版社，2022：36.

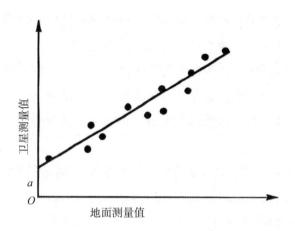

图 2-8　地面线性回归经验模型计算法

在利用地面线性回归经验模型计算法进行大气辐射误差校正时，需要在影像中挑选两个或多个具有明显反射差异的目标区域（如高反射区域和低反射区域），并确保每个区域在光谱上尽量纯净。随后，使用光谱辐射计对这些区域进行实地测量，将所得地面反射率与对应的卫星波段亮度值进行回归，以求得增益和偏置参数，并应用于遥感数据中。如果缺少现场测得的反射率，可以从已有的光谱库中选取相应目标物体的反射谱，然后结合遥感影像中的多光谱亮度值进行拟合，从而完成校正工作。

这种方法具有以下几个方面的特性。实地测得的目标物体反射率只在特定地点、时间和环境下具备代表性，因此它仅用于包含实际观测数据的影像。该校正手段以光谱波段为单位进行处理，而不是对每个像元分别校正，因此它适合于幅宽较窄的影像。

②辐射传输模型计算法。辐射传输模型计算法通过结合影像参数、气溶胶模型，并利用大气辐射传输方程反演卫星过境时的环境条件，实现对大气辐射误差的定量校正。辐射传输模型计算法的基本步骤：第一步，选择合适的大气辐射传输模型，如太阳光谱的卫星信号二次模拟模型（second simulation of a satellite signal in the solar spectrum, 6S）；第

二步，为影像指定一系列关键参数，包括成像区域的经纬坐标、拍摄的具体时刻、本地大气能见度、使用的波段等；第三步，选择合适的大气模型和气溶胶模型，用来模拟遥感观测时大气对电磁波的吸收与散射规律，若缺乏现场观测数据，可采用通用的大气模型与气溶胶模型；第四步，通过后续运算，将传感器测得的辐射率换算为能代表地表真实光谱特性的反射率。

6S 模型是先进的大气辐射传输模拟工具，常用来精确模拟太阳光经大气层与地表反射最终到达卫星传感器的全过程，涵盖了大气散射、大气吸收、地表反射等关键因素。该模型能够进行灵活的参数设置。6S 模型在可见波段和近红外波段表现出色，广泛应用于卫星影像处理、环境监测、地表参数反演等领域。精确的物理基础使其成为遥感辐射校正和定量分析中不可或缺的工具。

为了提高校正的精度，可以同步获取大气参数，对测量气溶胶、水汽等大气成分的传感器与影像传感器进行同平台搭载，实现同步观测。

（2）相对大气校正。相对大气校正是一种在遥感影像处理中用来减小或消除因大气状况变化而产生的辐射差异的方法。相对大气校正通常选择某一时间点或特定区域作为参考基准，假设参考区域的地物属性在同一时间或不同影像间的变化不大（伪不变特征），对其他影像与参考影像中的区域辐射值进行比较，评估大气影像的影响。在校正过程中，可以使用内部平均法、平场域法、对数残差法、不变目标法和直方图匹配法。

①内部平均法。在内部平均法中，假设遥感影像中的地物分布比较均匀，整幅图像的平均光谱可以近似反映大气条件下的太阳辐射特征。这个方法将影像的平均辐射光谱作为参照标准，计算每个像元与该参考光谱的比值，得到相对反射率。对数据进行调整，这样可以有效地减少大气对影像数据的干扰，进而实现大气校正。内部平均法适用于地物类型多样且整体光谱特征相对均匀的影像，但是在某些特殊条件下，其具

有一定的局限性。这个方法要求影像的平均光谱没有明显的强吸收特性。当某些区域存在强吸收现象时，参考光谱值会降低，进而导致其他地区的地物光谱出现虚假的反射峰。这种方法不太适合高植被覆盖的地区，这是因为高植被覆盖的区域存在叶绿素吸收的问题，叶绿素吸收效应会干扰结果。

②平场域法。平场域法是一种基于参考区域的大气校正方法，这个方法通过选取影像中面积较大、亮度较高、光谱响应较平稳且地形较平坦的区域（如沙漠、沙地）作为基准区域，利用其平均光谱辐射值来模拟大气影响下的太阳光谱特性。随后，计算每个像元与基准区域平均光谱的比值，得到相对反射率，从而有效地减少大气干扰对影像数据的影响。平场域法有两个重要假设：一是所选区域的平均光谱没有明显的吸收特性；二是所选区域的辐射光谱能反映当前大气条件下的太阳光谱，能真实地代表影像中的光学特性。平场域法简化了复杂的大气校正流程，适用于大面积且均匀分布的场景，是一种高效、实用的遥感影像预处理技术。

③对数残差法。对数残差法是一种遥感数据校正方法，这种方法能够对数据进行归一化处理，消除多种外部因素对辐射值的干扰。这个方法主要有两个步骤：第一步，将每个波段的像元值除以该波段的几何均值；第二步，将几何均值除以整个像元数据的几何均值。这个过程能够有效地削弱光照条件、大气透过率、仪器系统误差、地形起伏、星体反照率等因素对影像辐射的影响。

假定像元的灰度值 DN_{ij}（波段 j 中像元 i 的灰度）仅由以下 3 个主要因素决定：像元的反射率 R_{ij}（波段 j 中像元 i 的反射特性）、地形因子 T_i（像元 i 处表示表面变化的地形因子）、光照因子 I_j（与波段 j 相关的光照条件）。

$$DN_{ij} = T_i R_{ij} I_j \qquad (2-8)$$

假设 DN_i 表示像元 i 在所有波段上的几何均值，$DN_{.j}$ 表示波段 j 在所有像元上的几何均值，$DN_{..}$ 表示所有像元在所有波段上的几何均值。基于这些定义，可以进一步推导相关的计算关系和应用公式。

$$Y_{ij} = \left(DN_{ij} / DN_{i.} \right) / \left(DN_{.j} / DN^2_{..} \right) \qquad （2-9）$$

　　3）太阳高度角与地形校正

　　（1）太阳高度角校正。由于太阳光线的入射角度不同，地表在倾斜照射与垂直照射条件下所呈现的影像存在差异，这种误差与成像时太阳高度角直接相关。太阳高度角校正的目标是将倾斜照射条件下获取的影像转换为垂直照射条件下的等效影像。此校正方法被广泛用来对比分析不同太阳高度角下的遥感数据，以消除因区域位置、季节变化、时间差异引起的辐射不一致性，从而提高影像的可比性和精度。

　　将太阳高度角定义为太阳光线与地平面之间的夹角 θ；太阳入射角表示太阳光线与像元法线之间的夹角 i；太阳天顶角是太阳光线与垂直向上的天顶之间的夹角，如图 2-9 所示。在平坦的地表条件下，太阳天顶角与太阳入射角相等。

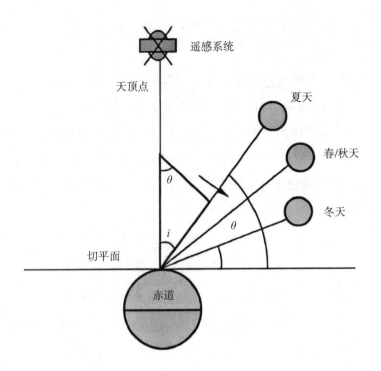

图 2-9　太阳高度角与太阳入射角

针对太阳高度角引起的辐射误差，校正方法是调整影像中的平均灰度值。其目标是将影像 $g(x, y)$（太阳光线倾斜照射时获取）转换为对应太阳光线垂直照射条件下的影像 $f(x, y)$，以消除入射角变化导致的辐射偏差。

$$f(x, y) = \frac{g(x, y)}{\sin \theta} = \frac{g(x, y)}{\sin \varphi \sin \delta \pm \cos \varphi \cos \delta \cos t} \quad （2\text{-}10）$$

式中，φ——图像地区的地理纬度；

　　　　δ——太阳赤纬（成像时太阳直射点的地理纬度）；

　　　　t——时角（地区经度与成像时太阳直射点地区经度的经差）。

若以太阳天顶角作为校正依据，校正过程可按照其相关参数进行调整和计算，从而实现对影像中辐射误差的修正。

$$f(x, y) = \frac{g(x, y)}{\cos i} \qquad （2\text{-}11）$$

这种校正或补偿方法主要用来对比分析不同太阳高度角条件下的多时相影像。当研究跨时段的相邻区域影像时，通过太阳高度角校正可以更好地实现两幅影像的拼接。校正的核心是选定其中一幅影像作为参考，调整另一幅影像的辐射值，使其与参考影像的特性保持一致。假设参考影像的太阳天顶角为 i_1，待校正影像的太阳天顶角为 i_2，其亮度值为 DN_2，则校正后的亮度值为 DN_2'。

$$DN_2' = DN_2 \frac{\cos i_1}{\cos i_2} \qquad （2\text{-}12）$$

（2）地形校正。当太阳光线垂直照射水平地表与倾斜坡面时，由于地表角度 α 的不同，两者接收到的辐射亮度会存在显著差异，[①]如图 2-10所示，并存在以下关系。

$$I = I_0 \cos \alpha \qquad （2\text{-}13）$$

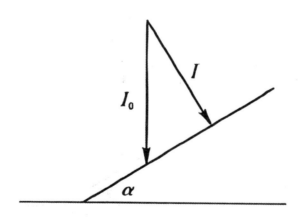

图 2-10　地形起伏引起的辐射误差

---

① 丁绪荣. 普通物探教程[M]. 北京：地质出版社，1984：23.

地形校正的目的是消除地形起伏对遥感影像辐射亮度的影响，确保在影像中相同反射特性的地物在不同地形条件下表现出一致的亮度值。地形校正能够有效地解决由地表倾斜角度、朝向、阳光入射角变化导致的辐射差异问题，使影像数据更具真实性和一致性，为后续的分类、特征提取及定量分析提供了可靠的依据。地形起伏引起的辐射误差校正一般有两种方法，一种是基于波段比值的方法，另一种是基于数字地理高程的方法。

地形的倾斜程度会影响地表反射的太阳辐射亮度，这是因为光线与地表相互作用后传输至传感器的辐射强度与地表倾角密切相关。对于由地形倾斜导致的辐射误差，可以利用地表法线矢量与太阳入射光矢量之间的夹角进行校正，从而更准确地恢复地物的真实辐射特性。余弦校正法表达式为

$$L_H = L_T \frac{\cos i_0}{\cos i} \qquad (2\text{-}14)$$

$$\cos i = \cos \theta_p \cos \theta_z + \sin \theta_p \sin \theta_z \cos(\phi_a - \phi_0) \qquad (2\text{-}15)$$

式中，L_H——水平面辐射，经过校正处理后的遥感数据；

L_T——坡面辐射，未经校正的原始遥感影像数据；

$\cos i_0$——校正太阳光线非垂直入射时对辐射值产生的影响；

$\cos i$——校正地表坡度起伏的影响；

i_0——太阳天顶角；

i——太阳入射角；

θ_p——地表坡度角；

ϕ_a——太阳方位角；

ϕ_0——地表坡向角。

通过获取覆盖影响区域的数字高程模型及其匹配的遥感数据，调整

地形波动造成的辐射误差。数字高程模型与匹配的卫星遥感数据需要经过几何对准处理。地形起伏引起的辐射误差校正流程如图 2-11 所示。

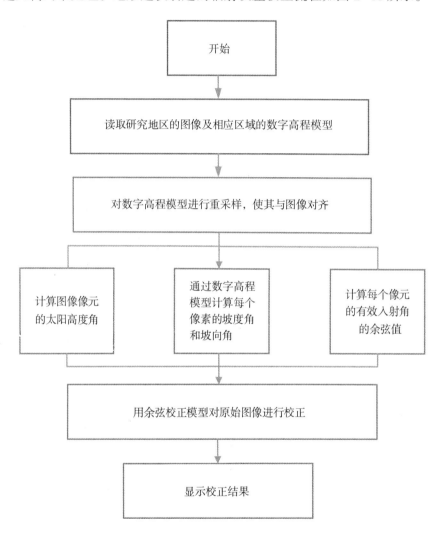

图 2-11　地形起伏引起的辐射误差校正流程

余弦校正法主要针对到达地面像元的直射光建模，但忽略了漫射光及周围地形反射光的影响。这种局限性在光照较弱的区域尤其明显，会导致校正过度，当 cosi 较小时，校正误差会更加显著。为了解决这一问题，一些学者提出了 c 校正法，在余弦函数模型中引入额外的调整因子，以更精确地反映复杂的地面辐射特性，减少校正偏差。

$$L_H = L_T \frac{\cos i_0 + c}{\cos i + c}$$　　　　（2-16）

在式（2-16）中，c 使分母增大，有效地缓解了在地表光照较弱区域因校正过度而引起的问题，提升了校正结果的准确性和可靠性。

2.2　遥感图像镶嵌

遥感图像的镶嵌常用于大范围区域的影像处理，将多幅相邻或重叠的遥感影像无缝拼接成一幅完整的、统一的图像。因此，遥感图像镶嵌也被称为遥感图像拼接。

在进行遥感图像镶嵌时，输入的遥感影像需要满足一定的条件，如影像需要包含地图投影信息、影像需要经过几何校正处理、影像需要经过校正标定等。尽管输入图像的投影方式和像素大小可能存在不同，但是所有影像必须具有相同的波段数量。在镶嵌过程中，需要选定一幅参考影像作为标准，参考影像不仅能够决定输出镶嵌图像的地图投影方式、像素和数据格式，还能够对其他影像进行对比度匹配和一致性调整，确保拼接后影像的整体质量。

一般情况下，要想制作一幅整体上比较均衡的镶嵌图像，必须进行以下几项工作。

（1）准备工作。根据研究目标和专业需求，选择合适的遥感图像数据。在进行图像挑选时，要尽量选择成像时间和成像条件相近的影像，减少后续调色的工作量。

（2）预处理。对选取的图像进行辐射校正与几何校正，保证图像间空间与辐射的一致性。

（3）制订方案。确定参考影像，选择位于研究区域中心的图像作为基准。同时定好镶嵌顺序。

（4）重叠处理。确定相邻图像的重叠区域，并以此作为几何拼接和色调调整的基础，保证镶嵌过程的精度和连贯性。

（5）色调调整。针对不同时相或成像条件造成的亮度不一致，对图像色调进行调整，以确保镶嵌后的影像在视觉上具有整体性和一致性。

（6）图像镶嵌。在完成重叠区确认和色调调整后，将相邻影像进行拼接，生成完整的镶嵌图像。

2.2.1 镶嵌的类型

遥感图像的镶嵌一般可以分为非控制镶嵌与控制镶嵌两种类型。

1）非控制镶嵌

非控制镶嵌是一种不使用地面控制点进行几何约束的遥感图像镶嵌方法。该方法主要适用于对几何精度要求不高的场景，它不依赖地面控制点，无法确保影像的地理位置精度。

非控制镶嵌技术是一种简化流程，它能够去除遥感影像的重叠部分并直接进行拼接，进而形成完整的影像图。这种方法生成的影像通常被称作影像略图或像片略图，有时也被归类为非控制像片索引图。在遥感地质调查中，非控制镶嵌技术在构造略图、地质略图的快速制作方面得到了广泛应用。

2）控制镶嵌

控制镶嵌是一种基于精确控制点进行影像拼接的方法，这种方法的目的是生成高精度的影像平面图或像片平面图。这个方法主要分为以下几个步骤：第一，按照设定的比例尺绘制控制点网，选取影像上清晰、易识别的点作为控制点，可以通过野外调绘测量获得控制点，也可以从比例尺较大且质量较高的地形图中提取控制点；第二，根据控制点网平面图的布局，确定每张像片主点的位置，并对所有像片进行逐张纠正；第三，按照控制点网的位置裁剪和拼接像片，生成影像成果。

基于控制点网平面图（标明每张像片主点位置）进行镶嵌，可以选用未经纠正的像片完成拼接，这种方法称为半控制镶嵌。与完全校正的镶嵌方式不同，半控制镶嵌对像片的几何校正要求较低，但需要确保控制点网的比例尺与所有像片的平均比例尺一致，保证拼接效果的精度和一致性。

2.2.2　图像的几何镶嵌

侦察图像的几何镶嵌主要依赖图像配准技术，其核心目标是精确定位相邻图像之间的相对位置和重叠区域，进而实现图像的无缝拼接，生成更大范围的完整视图。在前期预处理阶段，图像已经过几何畸变校正，剩余的变形主要由插值引起，且仅限于局部区域。因此，可以假设所有地物位于同一平面，即侦察图像符合平面投影模型。在此假设条件下，侦察图像可视为光轴垂直于地面的摄像设备获取的标准影像，相邻图像之间的关系可简化为平移关系和旋转变换关系，无须考虑复杂的透视畸变或非线性变形。

侦察图像的几何镶嵌能否实现无缝拼接，关键在于图像之间的配准，而配准的核心挑战主要集中在精度和计算效率上。当前，图像配准技术主要分为三类：基于灰度的配准方法、基于变换域的配准方法、基于图像特征的配准方法。

基于灰度的配准方法通过直接优化模型参数，实现图像的对齐，该方法依据图像像素之间的对应关系，对每个像素点进行变换映射，并通过构建代价函数衡量两幅图像在重叠区域内的相似程度。例如，常用的代价函数是误差平方和（sum of squared difference, SSD），其计算方式是对图像重叠部分的灰度值差异进行平方求和，并以此作为优化的目标。代价函数的选取对配准精度有重要影响，其计算依赖图像本身的特征属性。在理想情况下，相邻图像的属性变化很小。然而，当图像之间光照变化、旋转角度偏差、位移距离较大时，基于灰度的配准方法容易受到影响，从而导致较大的误差。因此，该方法适用于图像变化幅度较小、灰度信息较稳定的情况。

基于变换域的配准方法通过傅里叶变换将图像从空间域转换到频域，并基于傅里叶变换的平移特性实现图像的精准对齐。在频域中，图像的几何变换（如平移、旋转、缩放）均表现为特定的频谱变化，因此可以通过频域分析快速地计算这些变换参数，实现高效配准。该方法具有一定的抗噪能力，且傅里叶变换本身拥有成熟的快速计算方法，易于在硬件上实现，这使其在工程应用中表现出较高的计算效率。此外，变换域通常可提供较为准确的初始配准参数，为后续更精细的配准过程奠定良好的基础，使其在图像镶嵌和拼接任务中具有重要价值。

基于图像特征的配准方法需要对图像进行预处理，并提取符合特定应用需求的特征，然后基于特征之间的对应关系计算模型参数，实现精准对齐。然而，该方法的主要挑战是如何提取稳健的特征，以有效地完成匹配，尤其是在噪声干扰或场景遮挡的情况下。常见的图像匹配特征包括点、直线、曲线等，其中点特征因其计算效率高、适用范围广，成为图像配准研究的重点。当前，大多数研究主要采用点特征进行图像对齐，以实现高精度的图像镶嵌。如何进一步提升特征匹配的鲁棒性，并提高配准的准确度，是该领域持续探索的重要方向。

2.3　遥感图像裁剪

2.3.1　遥感图像裁剪的基本方法

1）基于固定尺寸的裁剪

基于固定尺寸的裁剪方法通常预设裁剪窗口的大小，对原始遥感图像进行切割，使得到的图像具有统一的尺寸和分辨率。这种方法的优点是操作简单、易于批量处理，但缺点是可能会丢失重要的信息，尤其是在处理包含地物边界或关键区域的遥感影像时。这种方法主要用于标准化遥感图像数据，以便后续的处理和分析。

2）基于内容感知的裁剪

基于内容感知的裁剪方法根据遥感图像中的重要地物信息，智能地选择裁剪区域，以确保关键目标区域不会被截断或遗漏。该方法一般会结合目标检测、分割算法或深度学习模型来自动识别感兴趣区域，并据此调整裁剪范围。该方法能够更好地保留关键信息，提高遥感数据的有效利用率，但其计算成本较高，且需要训练模型识别目标区域。

3）基于几何变换的裁剪

基于几何变换的裁剪方法通过旋转、缩放、仿射变换等操作对遥感图像进行裁剪，以适应不同的分析需求。例如，在航空影像拼接过程中，为了消除角度偏差或适应非标准成像视角，需要进行旋转裁剪；在地形分析中，可能需要对不同尺度的影像进行缩放裁剪。这种方法在一定程度上能够提高裁剪的灵活性，但如果几何变换参数选择不当，可能会导致图像信息的扭曲或失真。

2.3.2　遥感图像裁剪的关键技术

1）自动识别

自动识别是遥感图像裁剪的核心技术之一，其目的是在复杂的影像数据中自动提取适合裁剪的关键区域。

（1）基于目标检测的裁剪。利用深度学习目标检测模型自动识别目标区域，并据此裁剪图像。

（2）基于边缘检测的裁剪。通过 Canny 算子、Sobel 算子等检测图像中的边界信息，进而识别裁剪区域。

（3）基于分类和分割的裁剪。结合语义分割或分类方法，对遥感图像进行内容分类，确定重要区域后进行裁剪。

2）边界化

边界化是确保裁剪后的图像具有合理的边界过渡特性，以避免裁剪过程中出现断裂、错位或信息丢失的关键技术。

（1）边界平滑处理。利用高斯平滑、拉普拉斯平滑等技术优化裁剪区域边缘，减少突兀的边界效应。

（2）边界对齐。在多幅影像拼接或裁剪时，采用特征匹配法或网格对齐法，确保边界拼接自然，避免误差积累。

（3）多尺度边界检测。结合多尺度金字塔方法，对不同尺度的影像进行边界检测，以优化裁剪策略。

3）多源数据融合

结合多种数据源（如光学影像、雷达影像、热红外影像等），对遥感影像进行裁剪。这种裁剪方式能够在一定程度上提高裁剪的精准度和适应性。

（1）多模态数据融合。采用卷积神经网络等深度学习模型，对不同传感器的影像数据进行特征提取和融合，以优化裁剪区域的选择。

（2）时空信息融合。结合不同时相的遥感影像，通过变化检测或时序分析等方法，裁剪具有代表性的影像区域。

（3）地理信息融合。引入地理信息系统数据，如土地利用、地形等辅助数据，提高裁剪的准确性，使裁剪区域更符合应用需求。

2.4　遥感图像融合

在设计同一平台的遥感成像系统时，常常会运用全色、多光谱、高光谱传感器获取图像。随着波段的精细化，为了确保图像的信噪比、捕捉更多光线，需要增大瞬时视场，这在一定程度上降低了图像的空间分辨率。全色影像的空间分辨率虽然高，但是光谱信息匮乏。多光谱影像的光谱分辨率高且信息全，但在空间分辨率上有所欠缺。因此，如何在保持高空间分辨率的同时增强光谱信息，并生成兼具丰富光谱特征和精细空间分辨率的多光谱影像，成为亟待攻克的关键技术难题。这对军事侦察、植被监测、农业精细管理、土地利用研究、城市资源管理等多个领域至关重要。遥感图像融合技术应运而生，这个技术对全色影像与高光谱影像的优势进行融合，为复杂应用场景提供了高质量、满足需求的遥感数据产品。

遥感图像融合可分为像素级、特征级和决策级三种层次。用来增强影像光谱信息的融合技术属于像素级融合，它能够对原始影像数据进行直接处理。这种方法能够尽可能地保留传感器成像时的空间和光谱特性，确保数据的完整性和一致性。大部分像素级图像融合算法都适用于光谱信息增强的融合任务，为遥感数据的优化应用提供了技术支持。

2.4.1 遥感图像融合方法

根据基本原理的差异，遥感图像融合方法可以分为三类：第一类是对图像数据进行直接代数运算的融合方法；第二类是通过各种空间变换技术实现图像融合的方法；第三类是基于金字塔分解与重建的融合方法。图 2-12 直观地展示了不同方法的技术框架和逻辑结构。

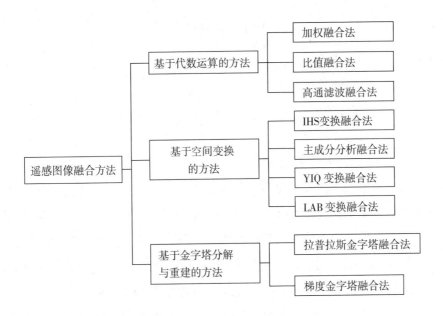

图 2-12　遥感图像融合方法

1）基于代数运算的方法

（1）加权融合法。加权融合法是一种常用的数据融合方法，它能够对不同来源或者不同特征的数据进行加权叠加，进而生成更加准确或者更有意义的结果。加权融合法的基本原理是为每个数据源或数据特征分配一个权重，这个权重反映了该数据源或数据特征对最终结果的贡献程度。然后，将这些加权后的数据相加，得到融合后的结果。权重的分配通常受专家评估、统计分析、数据源等可靠性因素的影响。[①] 在遥感图像中，加权融合法对高空间分辨率影像赋予适当的权重，将其与低空间分辨率的多光谱影像进行直接叠加，生成兼具高空间分辨率和丰富光谱信息的多光谱影像。该方法的计算公式为

① 贾永红，张谦，崔卫红，等．数字图像处理实习教程 [M]．2 版．武汉：武汉大学出版社，2016：124．

$$I_f = A \times \left(P_H I_H + P_L I_L \right) + B \qquad (2\text{-}17)$$

式中，I_f——融合图像；

A、B——常数；

I_H——高分辨率图像；

I_L——低分辨率图像；

P_H、P_L——对应的权值。

融合图像的质量主要受两个关键参数 P_H、P_L 的影响，权重的正确选择对融合效果的优化起着决定性作用。部分学者提出了一种创新的融合技术，该技术基于人类视觉系统的特性，采用了自适应加权平均的策略。这项技术能够细致地分析每个像素周围领域的能量、方差、熵等统计信息，灵活地调整每个像素的权重分配，创造出更具真实感的融合图像。

（2）比值融合法。比值融合法通过结合高分辨率影像和多光谱影像的信息，生成兼具高空间分辨率和丰富光谱特征的多光谱图像。其核心思想是利用高分辨率影像与低分辨率多光谱影像间的比值关系，在保留多光谱影像光谱特性的同时，提高其空间分辨率。多光谱图像经过比值处理能够增强地表物体细节的反射信息，这一操作不仅提升了地物识别的准确性，还有助于减少太阳光照强度、云层遮挡等外部因素对图像质量的影响。比值融合法的公式为

$$XP_i = PAN \times \frac{XS_i}{XS'} \qquad (2\text{-}18)$$

$$XS' = \sum_{j=1}^{n} \omega_j XS_j \qquad (2\text{-}19)$$

式中，XS'——全色图像；

ω_j——权系数。

（3）高通滤波融合法。高通滤波融合法是一种利用高频信息增强遥

感影像的融合技术，它能够提取高空间分辨率影像中的细节和边缘特征，将其与低空间分辨率的高光谱影像结合，生成兼具高空间分辨率和丰富光谱特征的融合影像。该方法运用高通滤波器分离出高空间分辨率影像的高频信息（如纹理、边缘等），同时去除大部分低频信息（如整体背景和均值）。随后，将这些高频信息叠加到低空间分辨率的高光谱影像上，显著增强融合影像的细节表现力。其融合的表达式为

$$F_k(i,j) = M_k(i,j) + HPH(i,j) \qquad (2\text{-}20)$$

式中，$F_k(i,j)$——第 k 波段像素（i,j）的融合值；

$\qquad M_k(i,j)$——第 k 波段像素（i,j）的值；

$\qquad HPH(i,j)$——高频图像像素（i,j）的值。

2）基于空间变换的方法

（1）IHS 变换融合法。在色度学领域，颜色特征可通过 3 个维度界定，分别为强度（intensity）、色相（hue）及饱和度（saturation），这三者共同构成了 IHS 色度模型。具体来讲，强度能够衡量光线作用于视觉系统时产生的明亮程度，这直接关联到物体反射光的效率；色相标识了颜色主要显现的光波长度或光谱构成；饱和度刻画了颜色的纯净度或鲜艳程度，揭示了彩色光深浅不一的特质。

红黄蓝（red green blue, RGB）系统主要面向硬件设备，红黄蓝系统的 3 个分量是密切关联的。IHS 模型的 I 分量是独立出来的，与图像的色彩没有关系，H 分量和 S 分量更贴合人类的视觉感知方式，因此 IHS 系统在处理图像颜色特性时更符合人的视觉特点。目前，IHS 变换的主流模型包括球体法、单六棱锥法、三角形法和圆柱体法。尽管在图像融合中，这些模型的效果差异不大，但是相比较而言，球体法、单六棱锥法和圆柱体法的表现优于三角形法。

在进行 IHS 变换融合时，通过替换 IHS 模型中的其中一个分量实现，

常被替代的是亮度分量，也就是所谓的强度分量。在进行高空间分辨率全色图像与多光谱图像融合时，要经过以下几个步骤：第一，将多光谱图像从 RGB 空间转换到 IHS 空间；第二，对高空间分辨率的单波段全色图像进行灰度拉伸，使其灰度值的均值和方差与 IHS 空间中的亮度分量匹配；第三，用经过拉伸处理的高空间分辨率图像替换 IHS 中的亮度分量；第四，通过反向变换将数据还原到原始 RGB 空间。通过这种方法生成的图像不仅能够保留原图像的色彩信息，还能具备更高的空间分辨率。

IHS 变换在图像融合中是一种常用的方法，它的融合结果能够保留大部分的高空间分辨率图像的空间细节，同时保持多光谱图像的光谱特性。这种融合方法能够有效地提升图像的可解译性、目标物体识别能力和分类精度，尤其是在视觉感知方面。由于不同波段数据的光谱特性具有差异性，IHS 变换可能会使原始光谱信息扭曲，出现光谱退化等问题。另外，这种方法能够对 3 个波段的多光谱图像进行处理，具有一定的局限性。

（2）主成分分析融合法。主成分分析融合法通过线性变换将原始多波段图像数据转换为一组无相关的主成分，按信息量大小排序，从而提取主要信息。在融合时，高空间分辨率全色图像用来替换主成分中的第一主成分（包含最多信息的分量），然后通过逆变换恢复到原始图像空间，最终生成融合图像。

主成分分析是利用变量间的相关性，在尽量保留原始信息的前提下，将多个变量的测量值整合为少数综合性指标的统计方法。它是一种以最小均方误差为目标的最优正交变换技术，在处理多光谱图像时，由于不同波段间存在较强的相关性，通过分析提取少数假想波段，以代表图像中的主要信息，有效地降低光谱维度。这种方法依托 K-L 变换，广泛应用于图像降维和信息提取。

假设原图像向量和变换后的图像向量分别为 $\boldsymbol{f}$ 和 $\boldsymbol{F}$，即

$$\boldsymbol{f}^{\mathrm{T}} = \begin{bmatrix} f_1 & f_2 & \cdots & f_p \end{bmatrix} \tag{2-21}$$

$$F^{\mathrm{T}} = \begin{bmatrix} F_1 & F_2 & \cdots & F_p \end{bmatrix} \qquad (2\text{-}22)$$

离散 K-L 正、反变换式为

$$F = A^{\mathrm{T}}[f - E(f)] \qquad (2\text{-}23)$$

$$f = AF + E(f) \qquad (2\text{-}24)$$

假设 $E(f)$ 为向量 f 的期望值，矩阵 A 是由原图像向量 f 的协方差矩阵 C_f 的特征向量组成的变换矩阵。若 C_f 的特征值和对应的特征向量分别为 λ_j 和 A_j，可以通过这些特征值和特征向量构建主成分分析的变换过程。

$$A = \begin{bmatrix} A_1 & A_2 & \cdots & A_p \end{bmatrix} \qquad (2\text{-}25)$$

$$A_j^{\mathrm{T}} = \begin{bmatrix} a_{1j} & a_{2j} & \cdots & a_{pj} \end{bmatrix} \qquad (2\text{-}26)$$

矩阵 A 的特征向量 A_j 通常根据其对应特征值的大小从高到低排序，以确保特征向量的排列顺序与特征值的重要性一致，即 $\lambda_1 > \lambda_2 > \cdots > \lambda_p$。对于具体的多波段图像，向量 f 表示位于像素位置 (i, j) 的多光谱数据值。即

$$f(i,j) = \begin{bmatrix} f_1(i,j) & f_2(i,j) & \cdots & f_p(i,j) \end{bmatrix}^{\mathrm{T}} \qquad (2\text{-}27)$$

协方差矩阵为

$$C_f = \begin{bmatrix} \sigma_{11}^2 & \sigma_{12}^2 & \cdots & \sigma_{1p}^2 \\ \sigma_{21}^2 & \sigma_{22}^2 & \cdots & \sigma_{2p}^2 \\ \vdots & \vdots & & \vdots \\ \sigma_{\rho 1}^2 & \sigma_{\rho 2}^2 & \cdots & \sigma_{pp}^2 \end{bmatrix} \qquad (2\text{-}28)$$

主成分分析融合技术利用 K-L 变换处理 N 个低空间分辨率波段图像。该过程分为 3 个步骤：第一，对单一高空间分辨率波段图像进行灰度调整，确保其灰度统计特性（均值与方差）与 K-L 变换所得的第一主成分图像一致；第二，用调整后的高分辨率图像替代原先的第一主成分图像；第三，通过执行逆 K-L 变换，数据被转换回原始图像空间，从而圆满完成图像融合任务。

融合后的图像结合了原始数据的高空间分辨率和高光谱分辨率特性，不仅保留了图像的高频细节，还使光谱信息更加丰富和清晰，目标物体的细节更加突出，光谱表现更加准确。与 IHS 变换融合相比，主成分分析融合法在保留原始多光谱图像光谱特征方面表现得更好，同时突破了 IHS 变换只能处理 3 个波段图像的局限性。

（3）YIQ 变换融合法。YIQ 颜色系统与 IHS 颜色系统在结构上具有相似性。YIQ 代表 3 个分量，Y 表示亮度，I 表示相同分量，Q 表示正交分量，它是一种专为 NTSC 制式电视信号传输设计的彩色编码方法。YIQ 变换通过无损处理将 RGB 颜色信息分解为亮度和色彩信息，Y 分量是基于人眼对红、绿、蓝波段不同敏感度加权平均计算得到的，而 I 和 Q 分量描述了与硬件相关的色彩信息。YIQ 变换在图像融合中的操作流程与 IHS 变换相同，都通过对亮度信息的替换实现融合。

YIQ 正、反变换关系式为

$$\begin{bmatrix} Y \\ I \\ Q \end{bmatrix} = \begin{bmatrix} 0.299 & 0.587 & 0.114 \\ 0.596 & -0.274 & -0.322 \\ 0.211 & -0.523 & 0.312 \end{bmatrix} \times \begin{bmatrix} R \\ G \\ B \end{bmatrix} \tag{2-29}$$

$$\begin{bmatrix} R \\ G \\ B \end{bmatrix} = \begin{bmatrix} 1.000 & 0.956 & 0.621 \\ 1.000 & -0.272 & -0.647 \\ 1.000 & -0.106 & 1.703 \end{bmatrix} \times \begin{bmatrix} Y \\ I \\ Q \end{bmatrix} \tag{2-30}$$

YIQ 变换实现了亮度与色彩信息的分离，使其在图像融合处理中更为方便。该方法融合原理简单、计算效率高，但也有一定的不足。由于 YIQ 颜色系统主要针对硬件设备设计，与人类的视觉感知系统差异较大，融合后的图像易出现显著的光谱失真。另外，与 IHS 变换融合类似，YIQ 变换受限于 3 个波段多光谱图像的处理，无法满足更复杂的融合需求。

（4）LAB 变换融合法。LAB 颜色模型基于对立色理论和参考白点，与设备无关，适用于接近自然光照明的应用场合。

从 RGB 到 LAB 模型的转换公式为

$$L = \begin{cases} 116\left(G/G_0\right)^{1/3} - 16 & \text{当} G/G_0 > 0.008 \\ 903.3\left(G/G_0\right)^{1/3} & \text{当} G/G_0 \leqslant 0.008 \end{cases} \tag{2-31}$$

$$a = 500\left[f\left(R/R_0\right) - f\left(G/G_0\right)\right] \tag{2-32}$$

$$b = 200\left[f\left(G/G_0\right) - f\left(B/B_0\right)\right] \tag{2-33}$$

其中

$$f(t) = \begin{cases} t^{1/3} & \text{当} t > 0.008856 \\ 7.787t + 16/116 & \text{当} t \leqslant 0.008856 \end{cases} \tag{2-34}$$

LAB 颜色模型在色彩表示中对绿色尤为敏感，同时能够对红色和蓝色表现出较高的准确性。根据这个特性，LAB 变换在处理植被较多的图像时能够展现出较好的效果。在图像融合方面，其优劣势与 IHS 变换、YIQ 变换相似，既能较好地保留图像的亮度和色彩信息，也会受到波段限制和光谱失真的影响。

2.4.2　遥感图像融合新趋势

近年来，遥感图像融合技术发展迅速，涌现了很多创新性的融合方法，如超分辨率技术、重建、稀疏表示、贝叶斯方法等。其中，分辨率技术在遥感图像处理领域内展现出巨大的潜力，它能够应对光谱空间复杂、时空分辨率低等难题。该技术基于多幅同一场景的低分辨率图像，运用约束优化算法，重建出高分辨率图像。

超分辨率技术从低分辨率图像中提取信息，还原出原始的高分辨率图像。这一过程需要借助合理的先验知识或观测模型，将低分辨率图像准确地映射到高分辨率空间。然而，这一逆向问题具有高度的病态性，这是因为低分辨率图像的信息量有限，且受到严格的约束条件限制，参数确定难度较大。另外，由于信息的缺失，重建过程往往存在多个可能的解。

为了克服这些难题，研究人员提出了多种改进算法，旨在提升重建质量，优化生成模型，提升遥感图像处理的准确性和可靠性。研究者引入了贝叶斯方法和变分方法，这些方法均建立在特定的假设条件上，旨在降低问题的复杂度并提升计算效率，从而使得复原过程更加可行。

全色锐化技术采用了一种创新的多波段图像表示策略，该策略巧妙地将图像划分为两个组成部分，即捕捉精细空间特征的前景部分和反映光谱多样性的背景部分。与依赖特定图像结构的稀疏分解技术不同，这一方法展现出更高的灵活性。然而，它对模型的精确度提出了更高的要求，这在某种程度上妨碍了其在遥感图像处理领域的广泛应用。

1）重建

一种新兴的图像融合方法将全色锐化问题转化为图像重建问题，基于这种方法，在忽略加性噪声的情况下，将图像的每个波段建模为与高空间分辨率相关波段的二维卷积。该模型假设卷积具有线性平移不变的模糊特性，为图像融合提供了新的理论框架和技术思路。

对于原始的多光谱图像 $\tilde{M}_k$，将其重采样至与全色波段 P（像素尺寸为 M×N）相匹配的分辨率。通过引入退化模型，$\tilde{M}_k$ 可以生成经过噪声和模糊处理后的理想多光谱图像。这一方法为实际观测条件的模拟提供了理论基础，有助于更准确地分析图像数据特性。

$$\tilde{M}_k = H_k \times \tilde{M}_k + V_k \qquad (2\text{-}35)$$

式中，H_k——第 k 个波段的点扩散函数；

　　　V_k——加性零均值。

高分辨率全色图像可被表示为理想多光谱图像与观测噪声之间的线性叠加模型，即

$$P = \sum_{k=1}^{N_b} \alpha_k \bar{M}_k + \Delta + \omega \qquad (2\text{-}36)$$

式中，Δ——偏移量；

　　　α_k——满足 $\displaystyle\sum_{k=1}^{N_b} \alpha_k = 1$ 条件的权重；

　　　ω——加性零均值。

权重 α_k 的计算可以通过多光谱传感器的归一化光谱响应曲线确定，或者通过对退化的全色图 P_d 与原始多光谱波段 M_k 进行线性回归实现。此外，偏移量的估算方法通常依赖退化的全色图像与低分辨率多光谱图像之间的关系，并可通过以下公式进行近似计算。

$$\Delta = \frac{R^2}{MN} \sum_{m=1}^{M/R} \sum_{n=1}^{N/R} \left[P_d(m,n) - \sum_{k=1}^{N_b} \alpha_k M_k(m,n) \right] \qquad (2\text{-}37)$$

式中，R——原始多光谱图像与全色图像之间的尺寸比例。

高分辨率的理想多光谱图像通过求解约束优化问题来估计。在相关研究中，图像恢复采用了正则化约束最小二乘方法，并在离散正弦变换（discrete sine transform, DST）域内实现稀疏矩阵运算。该方法通过正则化的伪逆滤波器逐行处理 P 的 DST 系数，并结合 $\tilde{M}_k$ 和 P 计算的结果，完成图像的重建过程。这种方法有效地提升了恢复图像的质量和精度，表达式为

$$\hat{\underline{M}}(m) = \left(\boldsymbol{F}^{\mathrm{T}} \boldsymbol{F} + \lambda \boldsymbol{I} \right)^{-1} \boldsymbol{F}^{\mathrm{T}} \boldsymbol{F} \left[\underline{\boldsymbol{P}}(m)^{\mathrm{T}}, \underline{\boldsymbol{M}}(m)^{\mathrm{T}} \right]^{\mathrm{T}} \tag{2-38}$$

式中，$\boldsymbol{I}$——单位矩阵；

$\quad\quad\ \boldsymbol{F}$——稀疏矩阵；

$\quad\quad\ \lambda$——正则化参数。

基于复原处理的方法存在一些不足，主要体现在观测模型的不准确性上。尽管点扩散函数 PSF 的运算符 H 通常被假定为已知，其实际值往往与标称值存在差异。此外，最优参数 λ 的选取通常依赖经验，并且在不同场景下可能因传感器的变化而发生显著变化。这些问题限制了该方法的适用性和精度。

利用变换系数计算最小二乘解时，目标是生成稀疏矩阵并降低计算复杂度。另外，当使用DST在傅里叶相关域中进行计算时，公式（2-38）能够得到较为平滑的结果，但同时会导致图像锐化效果不够理想。

2）稀疏表示

稀疏表示是一种先进的数据处理技术，这种技术利用少数非零元素高效地表示信号或数据，使其在特定的基底集合或字典中得到更紧凑的表示。该技术的基本原理是使众多自然信号（如图像和语音）能够在特定的变换空间内，通过少数基础向量的线性组合近似重构，从而达到数据压缩与简化的目的。这种方法能够降低数据存储的需求，同时确保关键信息的完整保留。

　　遥感成像模型在研究中被归纳为与压缩感知理论中测定矩阵相关的线性变换模型。在该框架下，通过参考高清晰度全色图像和低分辨率多光谱图像，利用稀疏正则化方法重建高分辨率多光谱图像。从理论上讲，观测到的图像块（如 y_{MS} 和 y_{PAN}）被建模为特定的数学表达式，主要用来描述这些图像与其原始信号之间的关系。

$$y = M_x + v \qquad (2\text{-}39)$$

式中，M——抽取矩阵；

　　　x——未知的高分辨率多光谱图像；

　　　v——添加的高斯噪声项。

　　图像融合的核心目标是从观测数据 y 中重建原始信号 x。如果信号可以在稀疏变换域内实现有效压缩，那么压缩感知理论表明，原始信号可以通过不完全测量的数据被精确还原。压缩感知理论是一种信号处理领域的重要理论框架。该理论突破了传统奈奎斯特采样定理的限制，提出在信号具有稀疏性或可压缩性的前提下，可以通过远低于传统采样率的观测数据精确地重建原始信号。

　　信号复原的任务可以被重新定义为一个稀疏约束的优化问题，通过最小化稀疏性实现信号的准确重建，即

$$\hat{\alpha} = \operatorname{argmin} \| \alpha \|_0 s.\, t. \, \| y - \Phi\alpha \|_2^2 \leqslant \varepsilon \qquad (2\text{-}40)$$

　　式（2-40）中，$\Phi = MD(D = d_1, d_2, \cdots, d_K)$，$D$ 是一个字典。$x = D\alpha$，这说明 x 是 D 的列元素的线性组合，向量 $\hat{\alpha}$ 非常稀疏。

　　全色锐化图像通过对全色和多光谱图像的图块进行光栅扫描得出，如图 2-13 所示。在具体的操作过程中，从图像的左上角开始，按照从左至右、从上至下的顺序依次扫描。在全色图像处理中，以 4 像素为步长，而在多光谱图像处理中，以 1 像素为步长。这种设置与其他常见的遥感传感器参数一致。

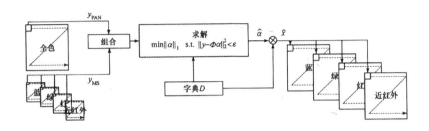

图 2-13　基于压缩感知理论的全色锐化算法流程图

首先，通过将全色图像块 y_{PAN} 与多光谱图像块 y_{PAN} 合并，生成一个新的向量 y。其次，利用公式（2-40）中的稀疏正则化方法，通过基向量求解该问题，从而获得融合后的多光谱图像块。最后，这些融合的图像块被组合成完整的图像。在基于压缩感知理论的全色锐化方法中，字典 D 的构建是核心步骤。在相关研究中，该字典通过从高分辨率多光谱卫星图像的原始图像块中随机抽样生成。然而，由于这些高分辨率多光谱数据在实际应用中难以获取，相关文献并未深入探讨压缩感知理论在全色锐化方法中的适用性。

为了解决遥感应用中的实际问题，近期有多篇研究论文提出了不同的解决方案。其中一种方法是通过正交匹配追踪算法，获取全色图像和低分辨率多光谱图像的稀疏系数。利用这些稀疏系数和高分辨率多光谱图像的字典，并通过计算得出融合后的高分辨率多光谱图像。假设字典 D_h^{MS}、D^{PAN} 和 D_1^{MS} 有如下关系，即

$$D^{PAN} = M_2 D_h^{MS} \tag{2-41}$$

$$D_1^{MS} = M_1 D_h^{MS} \tag{2-42}$$

在公式（2-42）的框架下，全色字典与多光谱字典是通过奇异值分解技术，从随机选取的全色图像和多光谱数据样本中推导得出的。显而易见，这种方法的计算复杂度高，它改进的实际效果与传统全色锐化算

法相比微乎其微。例如，某些研究提出的算法在处理一幅 64×64 像素的全色图像时，计算时间大约需要 15 分钟。在相同的硬件和软件环境下，基于多分辨率分析的全色锐化方法仅需要几秒钟。

一种名为"图像稀疏融合"的方法提出了一种新思路，通过使用全色图像训练的字典，实现多光谱图像块的稀疏表示。与传统方法不同，该方法不假设全色图像具有特定的光谱组成模式，即不依赖类似公式（2-36）的组分模型。这表明全色字典与多光谱字典之间的关系可以用公式（2-41）加以描述。这种方法突破了传统模型的限制，为全色图像与多光谱图像融合提供了更灵活的解决方案。全色锐化流程如图 2-14 所示。

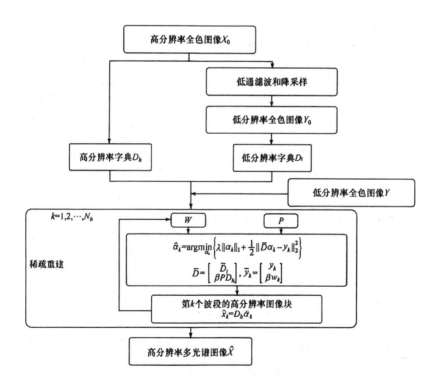

图 2-14　全色锐化流程图

矩阵 P 用来提取当前目标块与之前重构块的重叠区域，ω_K 包含该区域内高分辨率多光谱图像块的像素值。一个加权参数 β 被引入，用来权衡重叠区域中低分辨率输入图像与高分辨率重构块之间的质量一致性。然而，该算法的整体性能并不显著，其生成的全色锐化图像质量与自适应 IHS 变换融合方法得到的图像质量相当，没有表现出明显的优势。

高分辨率多光谱字典由高分辨率全色图像和低分辨率多光谱图像结合而成。该方法包括两个步骤：第一，利用全色锐化技术生成初步的高分辨率多光谱图像；第二，基于第一步的结果对字典进行训练，采用奇异值分解技术优化字典。这种训练过程引入了高分辨率全色图像的信息，增强了字典对空间细节的描述能力，提高了全色锐化图像的质量。然而，与快速且稳定的传统压缩感知方法相比，该方法的改进幅度并不大。

基于稀疏矩阵分解的空间和光谱融合模型，结合了高空间分辨率传感器的空间信息和高光谱分辨率传感器的光谱信息，通过两步实现融合。第一步，从低空间分辨率的高光谱数据中提取场景中各种材料的光谱特征，并构建光谱字典。第二步，基于第一步生成的光谱字典，通过稀疏编码技术并结合高空间分辨率数据，生成高空间、高光谱分辨率的图像。

此外，基于聚类或矢量量化的字典学习方法在图像块中优化字典，最小化原子与图像块间的距离，假设每个图像块可以用单个字典原子表示，从而简化了 K 均值聚类的学习过程。基于奇异值分解算法的扩展方法，使得每个图像块可以用多个原子加权表示，通过交替更新系数矩阵和基矩阵进一步优化字典。这些技术在增强图像细节和提高融合效果方面发挥了重要作用。

3）稀疏时空

目前，许多高空间分辨率的成像设备（如 SPOT 和 Landsat TM，分辨率分别为 10 m 和 30 m）通常需要间隔约两周才能再次覆盖相同区域。相比之下，低空间分辨率的成像仪（如分辨率为 250～1 000 m 的 SPOT VEGETATION）能够实现每日多次观测。然而，现有的遥感技术尚未开发出能够同时提供高空间分辨率和高时间频率的传感器。为了突破这一限制，研究人员提出了一种经济高效的解决思路，即通过数据集成技术，将来自不同传感器的图像进行融合，并结合两类数据的优势，生成兼具高空间分辨率和时间频率的合成图像。

在快速变化的区域内，时空反射率融合模型的核心问题之一是监测观测周期内像素反射率随时间的变化。这种变化通常可分为两类：一类是物候变化，如植被的季节性生长或衰退；另一类是地表类型的转换，如裸露土地逐步被混凝土覆盖。[①] 相较于物候变化，地表类型转换的监测和分析在融合模型中具有更大的难度，这是因为后者涉及复杂的环境因素和不均匀的变化模式。

基于稀疏表示的时空反射率融合模型主要用来统一解释观测期内反射率的各种变化，包括物候变化和地表类型的转换。该模型通过构建完备字典和应用稀疏编码技术，重构信号并学习其结构特征，提供了一种通用的分析方法。SPT-FM 模型专注研究不同仪器采集的高分辨率图像与对应的低分辨率图像之间的差异。这个模型能够通过稀疏信号捕捉和分析差异，并结合结构相似性测度，提高近邻搜索的精确性。特别是在土地覆盖类型变化的分析中，稀疏表示表现出强大的处理非线性变化的能力。其稀疏编码机制通过选择信号的最优组合实现非线性重建，有效地捕捉复杂变化的本质，为地表变化预测提供更精准的工具。

在时间点 t_1，Landsat 图像和 MODIS 图像分别用 L_i 和 M_i 表示，其中 MODIS 图像通过双线性插值方法调整为与 Landsat 图像相同的空间分辨率和尺寸。高分辨率差分图像和低分辨率差分图像在 t_i 和 t_j 之间分别用 $y_{i,j}$ 和 $X_{i,j}$ 表示，其对应的图像块通过列向量表示为 $y_{i,j}$ 和 $x_{i,j}$。这些变量之间的关系通过图 2-15 可视化地展示。

---

① 刘芳,刘祥磊,陈铮.数据缺失下的遥感影像预测模拟技术及农业应用[M].南京:东南大学出版社,2021:53.

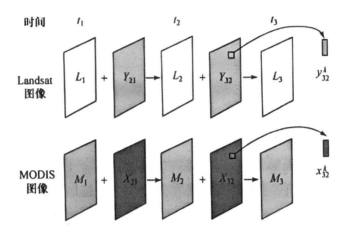

图 2-15　时空融合方法

L_2 可以预测为

$$L_2 = W_1 \times \left(L_1 + \hat{Y}_{21}\right) + W_3 \times \left(L_3 - \hat{Y}_{32}\right) \qquad （2-43）$$

为了有效地估算 $\hat{Y}_{21}$ 和 $\hat{Y}_{32}$ 差分图像，必须对字典 D_1 和 D_m 进行构建和配置。这两个字典分别通过训练 t_1 和 t_3 时间段内的高分辨率和低分辨率差分图像块生成。通过特定的优化公式，对字典进行调整和优化，从而提高对图像差异特征的捕捉能力，确保最终的估算结果更加准确和可靠。即

$$\left\{D_1^*, D_m^*, \boldsymbol{\Lambda}^*\right\} = \arg\min\left\{\left\|\boldsymbol{Y} - D_1\boldsymbol{\Lambda}\right\|_2^2 + \left\|\boldsymbol{X} - D_m\boldsymbol{\Lambda}\right\|_2^2 + \lambda\|\boldsymbol{\Lambda}\|_1\right\} \qquad （2-44）$$

矩阵 $\boldsymbol{Y}$ 和 $\boldsymbol{X}$ 分别由图像块 Y_{13} 和 X_{13} 按字典顺序层叠组成的列向量集合构成。在此基础上，通过随机采样，生成与 $\boldsymbol{Y}$ 和 $\boldsymbol{X}$ 中每一列对应的 $\ddot{E}$ 系数组合，用来进一步分析和处理。这种方法能够有效地提取图像块的特征，为后续计算提供必要的数据支撑。

M_i、T_i 和 L_i 分别表示 MODIS 图像、Landsat 卫星图像和 t_i 时刻的预测转换图像。MODIS 数据的超分辨率包含两个步骤：对已知 M_1 和 L_1 字

典的训练及对过渡图像的预测。作为训练字典对，从 L_1—M_1 的差分图像空间和 M_1 的梯度特征空间中分别提取高分辨率图像特征和低分辨率图像特征。列式堆叠特征块构成训练样本矩阵 Y 和 X，其中 Y 和 X 分别代表高分辨率样本和低分辨率样本，它们的列对应。低分辨率字典 D_1 通过优化奇异值分解训练程序，解决 MODIS 和 Landsat 7 数据之间因空间分辨率差异而导致的大预测误差问题时，主要采用两个步骤：第一，通过增强 MODIS 数据的空间分辨率，将其与原始 Landsat 图像匹配；第二，将提升分辨率的 MODIS 数据与 Landsat 图像融合，生成改进的预测图像。

为了在高分辨率样本和低分辨率样本之间建立精准的对应关系，高分辨率字典的构建以最小化高分辨率样本矩阵 Y 的近似误差为目标。该过程使用了稀疏表示系数 E^*，通过优化稀疏表达的精确度，确保高分辨率字典能够准确地映射和还原样本的细节特征。这一方法为高低分辨率样本间的关联提供了更可靠的技术支持。稀疏表达式为

$$D_h = Y\left(\Lambda^*\right)^+ = Y\Lambda^{*\mathrm{T}}\left(\Lambda^*\Lambda^{*\mathrm{T}}\right)^{-1} \qquad （2\text{-}45）$$

为了预测来自 M_2 的过渡图像 T_2，在训练过程中从 M_2 提取相同的梯度特征 X_2。其中，X_2 的第 i 表示为 x_{2i}，其稀疏系数通过正交匹配追踪稀疏编码方法与字典 D_i 关联。高分辨率样本和低分辨率样本分别由字典 D_h 和 D_1 表示，而中分辨率图像块 y_{2i} 则通过公式 "$y_{2i}=D_h \times \alpha_i$" 进行预测。同样的方法可用来预测其他中分辨率块列。将所有预测的列 y_{2i} 转换回块形式后，对 T_2 和 M_2 之间的差分图像 Y_2 进行进一步预测，并通过公式 "$T_2=Y_2+M_2$" 重构 T_2。在融合阶段，以相同的方式对过渡图像 T_1 进行预测，且 T_1 和 T_2 的尺寸与 L_1、L_2 保持一致。利用高通调制技术将 Landsat 7 图像与过渡图像融合，生成具有高空间分辨率的合成影像，实现更精确的图像重建和融合。即

$$L_2 = T_2 + \left(\frac{T_2}{T_1}\right)(L_1 - T_1) \qquad (2\text{-}46)$$

实验结果表明，采用稀疏表示的时空融合技术在应对物候变化时展现出更高的精确度，但在识别地表类型变迁方面略显不足。这一差异可依据稀疏理论进行阐释：当处理更为复杂的信号模式时，模型面临更大的误差风险。另外，该方法在计算效率上面临着巨大挑战，其计算过程非常复杂，鉴于此，对算法进行深度优化是一件非常迫切的事情。

第 3 章　遥感图像变换

3.1 波段运算

波段运算是一种针对多光谱图像的基本处理方法，它对不同波段的数据进行算术或逻辑操作，能够提取特定信息或增强图像特征。常见的波段运算包括加法、减法、乘法、除法，以及更复杂的比值运算和指数运算。其主要目的是利用波段间的光谱差异，突出目标区域或抑制背景干扰，提高图像的可解译性。

3.1.1 波段运算的基本条件

波段运算需要满足以下 5 个基本条件。

（1）符合 IDL 语言书写波段运算表达式。要想编写 IDL 语言中的波段运算表达式，必须严格依照 IDL 的语法规范设计运算公式。对于简单的波段运算，基础的 IDL 知识或许不是必需的，但若涉及更复杂的运算逻辑，波段运算的 IDL 知识学习至关重要。

（2）所有输入波段必须具有相同的空间大小。波段运算表达式主要是在像素计算的原理上进行的，因此输入波段必须具有相同的行列数和像元尺寸。如果地理坐标数据的覆盖范围一致，但是像元尺寸不同、行列数不匹配，可以利用 Toolbox 中的 "Raster Management>Layer Stacking" 功能，对图像进行调整，确保其一致性。

（3）所有变量需要遵循特定的命名规则。在波段运算的表达式构建中，变量采用 Bn 或 bn（n 代表数字）的形式。其中，代表输入波段的变量命名必须以 b 或 B 为前缀，并紧接着一个最多五位数的数字。这一命名约定确保了表达式的规范性和清晰度。[①]例如，对 3 个波段进行求和操作时，可以通过以下 3 种形式编写有效的运算表达式。

$$b1+b2+b3 \tag{3-1}$$

$$B1+B11+B111 \tag{3-2}$$

$$B1+b2+B333 \tag{3-3}$$

（4）结果波段必须与输入波段的空间大小相同。波段运算表达式的输出结果必须与输入波段在行列数上保持一致。若使用表达式 MAX（b1），则无法得到正确的结果，该表达式仅返回一个数值，而非与输入波段相匹配的行列数矩阵。

（5）调用 IDL 编写的自定义函数。波段运算工具支持调用 IDL 编写的函数。当函数以源码文件 .pro 形式存在时，需要运行 ENVI+IDL；若函数已编译为 .sav 文件，只需要将其放置在指定路径后，重启 ENVI 即可直接调用。

3.1.2　波段运算的 IDL 知识

1）数据类型

在 IDL 中执行的数学运算与普通计算器有一定区别，需要特别关注输入波段的数据类型及表达式中的常量值。不同数据类型，尤其是非浮点型的整型数据，具有固定的数值范围。当运算结果超过该范围时，会发生溢出，并从最小值重新开始计算。例如，将 8 位字节型数据 250 与

---

① 张成业，李小娟，刘东升，等.PIE 遥感图像处理专题实践[M].北京：地质出版社，2021：39.

50 相加，结果并非 300，而是 44。在波段运算中，这种情况很常见，遥感图像通常以 8 位字节型或 16 位整型存储。为了避免数据溢出问题，可以利用 IDL 提供的数据类型转换功能进行处理，如表 3-1 所示。

表 3-1　数据类型及其说明

数据类型	转换函数	数据范围	字节/像素
8-bit 字节型	byte()	0～255	1
16-bit 字节型	fix()	−32 768～32 767	2
16-bit 无符号整型	unit()	0～65 535	2
32-bit 长整型	long()	+/−20亿	4
32-bit 无符号长整型	ulong()	0～40亿	4
32-bit 浮点型	float()	+/−1e38	4
64-bit 双精度浮点型	double()	+/−1e308	8
64-bit 整型	long64()	+/−9e18	8
无符号 64-bit 整型	ulong64()	0～2e19	8
复数型	complex()	+/−1e38	8
双精度复数型	dcomplex()	+/−1e308	16

在进行波段运算时，可以通过转换输入波段的数据类型避免问题。例如，对于 8 位字节型整型图像波段的求和运算（结果可能超过 255 的上限），可使用 IDL 的函数 fix() 将数据类型转换为整型，通过表达式 fix（b1）+b2，即可正确地计算出超出 255 的结果。

虽然浮点型数据具有较大的数值范围，但是它并不总是计算中的最佳选择。这主要是因为数据类型的表示范围和所需的存储空间是成比例的。以字节型数据为例，其每个数据单元仅占用 1 个字节，而整型数据需要占用 2 个字节。相比之下，浮点型数据单元占用 4 个字节，存储需求是整型的两倍。因此，在实际应用中，需要根据具体需求权衡数据类型的选择，以平衡计算能力和存储效率。

2）数据类型的动态变换

数据类型的动态变换主要是指在程序运行过程中，根据需求对变量的数据类型进行临时或永久转换，以确保计算的正确性或提高计算效率，这种变换可以在不同类型的数据间进行。

IDL 支持数据类型的动态变换，并为表达式中的数据提供了默认的解译规则。这种动态变换允许 IDL 根据表达式中的数据类型需求，自地动将低精度数据类型提升为最高数据类型。例如，一个整型数据即使在 8-bit 字节型范围内，也通常会被解译为 16-bit 整型。动态变换具有以下特点。

（1）自动提升数据类型。表达式中的数据类型会根据运算需求自动提升。例如，当一个 8-bit 字节型图像加上常数 10（b1+10）时，10 会被解译为 16-bit 整型，结果也会被存储为 16-bit 整型图像，占用更大的磁盘空间。

（2）手动控制数据类型。为了避免数据类型提升引发的存储需求增加，可以通过显式函数将数据类型保持为原始类型。

（3）支持快捷标记。使用 IDL 提供的缩写形式，这样可以直接指定数据类型。例如，在表达式"b1+10B"中，字母 B 表示字节型数据。这种缩写对经常使用常数的波段运算表达式来说尤为便捷。

3）数组运算符

数组运算符功能强大且方便使用，它能够对图像中的每个像元进行逐一操作。这些运算符包括关系运算符（如 LT、LE、EQ、NE、GE、GT）、布尔运算符（AND、OR、NOT、XOR）、最小值运算符（<）和

最大值运算符（>）。它们可以同时作用于图像中的所有像元，并将处理结果以与输入图像相同维数的形式输出。要想将图像中所有负值像元替换为 −999，可以通过以下波段运算表达式实现。

$$(b1 \text{ lt } 0) \times (-999) + (b1 \text{ ge } 0) \times b1 \qquad (3\text{-}4)$$

关系运算符对真值（关系成立）返回值为 1，对假值（关系不成立）返回值为 0。系统读取表达式（b1 lt 0）部分后返还一个与 b1 维数相同的数组，其中 b1 值为负的区域返回值为 1，其他部分返回值为 0。因此，在乘以替换值 −999 时，只对那些满足条件的像元有影响。第二个关系运算符 (b1 ge 0) 是对第一个关系运算符的补充——找出那些值非负的像元，乘以它们的初始值，然后加入替换值后的数组中。类似的使用数组运算符的表达式为波段运算提供了很强的灵活性。

关系运算符在波段运算中用来判断条件是否成立，对满足条件（真值）的像元返回 1，不满足条件（假值）的像元返回 0。例如，当系统解析表达式（b1 lt 0）时，会生成一个与输入波段 b1 维数相同的数组，其中所有负值区域返回 1，其他区域返回 0。因此，将该数组与替换值 −999 相乘，仅对满足条件的像元进行操作。[①]

此外，这个过程将筛选出非负值像元，保持其初始值，并将其与替换后的数组进行合并。这种基于数组运算符的方式使波段运算更灵活、高效，能够轻松地实现复杂的条件处理和像元操作，表 3-2 中描述了 IDL 数组操作函数。

表 3-2　IDL 数组操作函数

种类	操作函数
基本运算	加（+）、减（−）、乘（×）、除（/）

① 李艳霞. 基于卫星遥感数据的南京市城市下垫面和热岛效应历史变迁与关联性研究 [D]. 南京：东南大学，2017.

种类	操作函数
三角函数	正弦 sin（x）、余弦 cos（x）、正切 tan（x） 反正弦 asin（x）、反余弦 acos（x）、反正切 atan（x） 双曲正弦 sinh（x）、双曲余弦 cosh（x）、双曲正切 tanh（x）
关系和逻辑运算符	小于（LT）、小于等于（LE）、等于（EQ）、不等于（NE）、大于等于（GE）、大于（GT）、AND、OR、NOT、XOR、 最小值运算符（<）和最大值运算符（>）
其他数学运算	指数（^）和自然指数〔exp（x）〕 自然对数 alog（x） 以 10 为底的对数 alog10（x） 整型取整：round（x）、ceil（x）和 floor（x） 平方根 sqrt（x） 绝对值 abs（x）

4）运算符操作顺序

在波段运算过程中，数学运算符的优先级决定了表达式的计算顺序。要想调整这一默认的计算流程，可以添加圆括号来实现，系统会先处理括号内最深层的内容。当表达式中有多个优先级相同的运算符时，遵循从左到右的顺序计算。例如，对于"5+2×2"，求得的值为 9，这是因为乘号运算符的优先级高；对于"（5+2）×2"，求得的值为 14，这是因为圆括号改变了操作顺序。在波段运算中，如果运算符的优先级与数据类型的动态转换结合不当，可能导致计算结果与预期不符。为了避免数据溢出或整数除法产生的误差，应确保表达式中数据类型的提升正确。[①]

例如，在表达式"float(2)+5/3"中，所有常数初始为整型数据，由

[①]　李恒凯. 遥感专题信息处理与分析 [M]. 北京：冶金工业出版社，2020：39.

于除法的优先级高于加法，系统会先执行整型除法，结果为 1，然后与浮点型的 2.0 相加，最终结果为浮点型 3.0，而非预期的 3.6。如果将类型转换函数调整到除法中，系统会先将 3 转换为浮点型，执行浮点除法后得到 1.666 7，然后与 2 相加，正确得出预期的浮点结果 3.6。因此，在设计表达式时，需要合理安排数据类型转换的位置，并结合运算符优先级进行操作，确保结果的准确性。

5）IDL 函数

与其他 ENVI 程序类似，波段运算采用分块机制的处理方式。当处理的图像尺寸超过参数设置中指定的碎片大小时，系统会将图像分解成更小的块，逐块进行独立处理，最终将处理后的部分重新组合成完整的图像。

然而，这种按块处理的方式在某些情况下可能会出现一些问题，尤其是在使用需要访问整幅图像数据的 IDL 函数时。例如，函数 MAX() 用来计算数组中的最大值，但由于波段运算表达式是对每个块单独处理的，无法一次访问整幅图像数据，进而影响计算结果的准确性。

$$b1/max(b1) \qquad\qquad (3\text{-}5)$$

如果波段运算是分块进行的，则每一个部分除以的值是该部分的最大值，而不是整个波段的最大值。如果运行这个运算式时发现波段运算结果中有较宽的水平条带，那很有可能是分块处理造成的，这是因为图像是水平分块的。

在波段运算中采用分块处理技术时，每个块的计算以该块自身的最大值为基础，而不是参考整个波段的全局最大值。这种计算方式可能引发问题，尤其是当结果图像中出现显著的水平条纹时。由于每个块的运算彼此独立，块与块之间的数值无法平滑衔接，从而产生条纹状的差异效果。

需要特别注意的 IDL 函数包括 MAX、MIN、MEAN、MEDIAN、

STDDEV、VARIANCE、TOTAL 等。这些函数在处理分块运算时可能会遇到问题。此外，在大多数情况下，BYTSCL 函数的使用可能存在一定的挑战性，需要谨慎对待。

3.1.3　波段运算的经典公式

1）避免整型数据除法

在执行整数除法时，其结果不会进行四舍五入处理，而是直接忽略小数部分。为了规避这一行为，通常需要将整数转换为浮点数，然后进行除法运算。

$$b1/float(b2) \qquad (3\text{-}6)$$

为了使除法运算的结果保留为整数，可以先将数据转换为浮点型，以保证计算精度，完成运算后将结果转换为所需的整型格式。例如，当输入数据为8位字节型波段时，需要对结果进行取整并存储为16位整型。这种方法可以实现更加准确的结果处理。

$$fix\left\{ceil\left[b1/float(b2)\right]\right\} \qquad (3\text{-}7)$$

2）避免整形运算溢出

整型数据有其固有的数值范围限制。进行波段运算时，如果运算结果超出了原有数据类型的承载上限，就必须提升数据类型级别，以防止错误产生。例如，若波段 b1 和 b2 均为 8-bit 字节型数据，其运算结果的最大可能值会高达 65 025（即 255 的平方）。鉴于 8 位字节型数据的最大表示数值仅为 255，为了避免数据溢出错误，需要将数据类型升级至 16 位无符号整型，进而妥善保存运算结果。否则，任何超出 255 的数值都将因溢出而引发结果失真。

因此，使用以下表达式可避免数据范围溢出。

$$\text{uint}（b1）\times b2 \tag{3-8}$$

3）生成混合图像

波段运算作为一种高效手段，允许基于设定的权重对多幅图像进行融合处理。例如，对于两个 8 位字节型的波段数据 b1 和 b2，可以运用一个特定的数学公式，将 b2 的贡献度设为 80%、b1 的贡献度设为 20%，以此生成一幅全新的 8 位字节型图像。这个过程实质上是一种图像的加权合成技术。

$$\text{byte}\left\{\text{round}\left[（0.2\times b1）+（0.8\times b2）\right]\right\} \tag{3-9}$$

4）选择性更改图像

波段运算允许根据需要选择性地调整图像内容或整合多幅图像的数据。例如，选取图像 b1 和图像 b2。在图像 b1 中，识别出像元值超过 200 的区域，并将其作为云层覆盖区。随后，使用图像 b2 中相应位置的像元值替换这些云层覆盖区的像元值，进而有效地减少云层对图像质量的影响。

$$（b1 \text{ gt } 200）\times b2+（b1 \text{ le } 200）\times b1 \tag{3-10}$$

通过使用类似的运算表达式，可以将图像的黑色背景替换为白色背景。这种方法能够利用简单的条件替换机制，对图像中特定的像素值进行调整，从而完成背景颜色的转换。

$$（b1 \text{ eq } 0）\times 255+(1 \text{ gt } 0)\times b1 \tag{3-11}$$

下面介绍了一种复杂的表达式，目的是经过校准的 AVHRR 日间图像识别云覆盖区域，并生成相应的二值掩膜图像。此算法依据以下条件之一判定云区域：热红外波段 b4 的数值为负，反射波段 b2 的数值超过 0.65 且中红外波段 b3 与热红外波段 b4 的温差超过 15 度。由于逻辑运算在条件满足时输出 1，在生成的掩膜图像中，云覆盖的像素被标记为 1，而其他区域的像素被标记为 0。

$$(b4 \text{ lt } 0) \text{ or } (b2 \text{ gt } 0.65) \text{ and } (b3\text{-}b4 \text{ gt } 15) \tag{3-12}$$

5）使用最小值运算符和最大值运算符

在图像处理过程中，最小值运算符和最大值运算符是频繁使用的工具，它们与关系运算符或布尔运算符的功能有所不同，前者返回的是实际数值（即最小值或最大值），而非逻辑状态。针对图像的每个像素，计算 0、波段 b2 值及波段 b3 值这三者之间的最大值，并将该最大值累加到波段 b1 上。这一步骤确保了加到 b1 上的值始终非负，保障了处理结果的准确性。

$$b1+ (0>b2>b3) \tag{3-13}$$

最小值运算符和最大值运算符的联合应用，可以有效地对 b1 的值进行边界控制，将其约束在 0 和 1 的闭区间内。这一过程确保了最终生成的图像中，所有像素的值都被严格限制在 [0，1]，实现对输出范围的精确调控。

$$0>b1<1 \tag{3-14}$$

在某些情况下，需要计算多年的数据平均值（如 NDVI），但排除值为 0 的数据点。如果某个像素的 3 个通道数据全部为 0，直接将其结果设为 0。例如，对于 b1=4、b2=6、b3=0，计算平均值时，仅将非零值计入运算即可，因此平均值的公式为 "ave=（b1+b2+b3）/（非零值的数量）"。在此例中，结果为 ave=(4+6+0)/2，可用以下运算表达式。

$$(b1>0+b2>0+b3>0) / \left[(b1 \text{ ge } 0) + (b2 \text{ ge } 0) + (b3 \text{ ge } 0) \right] >1$$

$$\tag{3-15}$$

3.2 K-L 变换

3.2.1 K-L 变换的定义

K-L 变换（karhumen-loève transform, K-LT），又称主成分分析（principal component analysis, PCA）或特征值分解（eigenvalue decomposition, EVD），是一种数学技术，用来将高维数据投影到较低维度的子空间，同时保留数据的主要特征信息。它广泛应用于信号处理、数据压缩和降维分析。

Hotelling 变换是一种将离散信号转换为互不相关数列的数学方法，也被称为 K-L 变换。这种变换的核心是通过计算图像阵列协方差矩阵的特征值和特征向量生成变换矩阵。因此，K-L 变换常被称为特征向量变换。[①]

假定一幅 $N \times N$ 的数字图像经过某种特定的信号通道重复传输 M 次。在传输过程中，由于受多种随机干扰因素的影响，接收端并未获得完整的原始图像，而是接收到了一组带有噪声的数字图集合，如式（3-16）所示。

$$\{f_1(x,y), f_2(x,y), \cdots, f_M(x,y)\} \tag{3-16}$$

将图像集合重新组织为 M 个 N^2 维的向量集合。其中，针对第 i 次捕

---

① 王勇智. 基于图像处理的变形迷彩目标发现研究 [D]. 重庆：重庆大学，2009.

获的图像$f_i(x,y)$，其对应的向量 X_i 的构成可以通过以行或列的形式依次堆叠图像的像素值实现，即

$$X_i = \begin{bmatrix} f_i(0,0) \\ f_i(0,1) \\ \vdots \\ f_i(0,N-1) \\ f_i(1,0) \\ \vdots \\ f_i(1,N-1) \\ \vdots \\ f_i(N-1,0) \\ \vdots \\ f_i(N-1,N-1) \end{bmatrix} \qquad (3\text{-}17)$$

X 向量的协方差矩阵可以定义为

$$C_t = E\left\{ (X - m_t)(X - m_t)^T \right\} \qquad (3\text{-}18)$$

式中，E——求期望；

　　　　T——转置。

平均值向量 m_t 定义为

$$m_t = E\{X\} \qquad (3\text{-}19)$$

对于 M 幅数字图像，其平均向量 m_t 和协方差矩阵 C_t 可以通过以下方法进行近似计算。

$$m_t = E\{X\} \approx \frac{1}{M}\sum_{i=1}^{M} X_i \qquad (3\text{-}20)$$

$$C_i = E\left\{(X - m_t)(X - m_t)^T\right\} \approx \frac{1}{M}\sum_{i=1}^{M}(X_i - m_t)(X_i - m_t)^T$$

$$\approx \frac{1}{M}\sum_{i=1}^{M}X_i X_i^T - m_t m_t^T$$

（3-21）

由此可知，m_t 是 N^2 个元素的向量，C_t 是 $N^2 \times N^2$ 的方阵。

假设 $\lambda_i\left(i=1,2,\cdots,N^2\right)$ 是按递减顺序排列的协方差矩阵的特征值、

$e_i = \left[e_{i1}, e_{i2}, \cdots, e_{iN^2}\right]^T \left(i=1,2,\cdots,N^2\right)$ 是协方差矩阵的特征向量，定义 K-L 变换矩阵 A 为

$$A = \begin{bmatrix} e_{11} & e_{12} & \cdots & e_{1N^2} \\ e_{21} & e_{22} & \cdots & e_{2N^2} \\ \cdots & \cdots & \cdots & \cdots \\ e_{N^2 1} & e_{N^2 2} & \cdots & e_{N^2 N^2} \end{bmatrix}$$

（3-22）

从而可得 K-L 变换的表达式为

$$Y = A(X - m_t)$$

（3-23）

在式（3-23）中，"$X - m_t$" 是中心化图像向量。这个操作实际上对图像数据进行了中心化处理。从表达式上看，变换后的图像向量 Y 是中心化图像向量 "$X - m_t$" 与变换矩阵 A 的乘积。[1]

---

[1] 史崇升，安慧慧，汤全武，等. 基于 KL 变换和 RLS 的彩色图像平滑滤波 [J].
计算机工程与设计，2015，36（11）：3051-3055，3075.

3.2.2　K–L 变换的性质

经过变换后，图像向量 $\boldsymbol{Y}$ 的平均值向量为 $\boldsymbol{m}_y=0$，也就是所谓的零向量。即

$$\boldsymbol{m}_y = E\{\boldsymbol{Y}\} = E\left\{\boldsymbol{A}(\boldsymbol{X} - \boldsymbol{m}_i)\right\} = \boldsymbol{A}E\{\boldsymbol{X}\} - \boldsymbol{A}\boldsymbol{m}_i = 0 \qquad （3\text{-}24）$$

向量 $\boldsymbol{Y}$ 的协方差矩阵被定义为

$$\boldsymbol{C}_{\mathrm{Y}} = \mathrm{E}\left\{\left(\boldsymbol{Y} - \boldsymbol{m}_{\mathrm{Y}}\right)\left(\boldsymbol{Y} - \boldsymbol{m}_{\mathrm{Y}}\right)^{\mathrm{T}}\right\} = E\left\{\boldsymbol{Y}\boldsymbol{Y}^{\mathrm{T}}\right\} \qquad （3\text{-}25）$$

代入式（3–24）得

$$\begin{aligned}
\boldsymbol{C}_{\mathrm{Y}} &= E\left\{\left[\boldsymbol{A}\boldsymbol{X} - \boldsymbol{A}\boldsymbol{m}_{\mathrm{t}}\right]\left[\boldsymbol{A}\boldsymbol{X} - \boldsymbol{A}\boldsymbol{m}_{\mathrm{t}}\right]^{\mathrm{T}}\right\} \\
&= E\left\{\boldsymbol{A}\left[\boldsymbol{X} - \boldsymbol{m}_{\mathrm{t}}\right]\left[\boldsymbol{X} - \boldsymbol{m}_{\mathrm{t}}\right]^{\mathrm{T}}\boldsymbol{A}^{\mathrm{T}}\right\} \\
&= \boldsymbol{A}E\left\{\left[\boldsymbol{X} - \boldsymbol{m}_{\mathrm{t}}\right]\left[\boldsymbol{X} - \boldsymbol{m}_{\mathrm{t}}\right]^{\mathrm{T}}\right\}\boldsymbol{A}^{\mathrm{T}} \\
&= \boldsymbol{A}\boldsymbol{C}_{\mathrm{t}}\boldsymbol{A}^{\mathrm{T}}
\end{aligned} \qquad （3\text{-}26）$$

协方差矩阵 $\boldsymbol{C}_y$ 是一个对角矩阵，其中对角线上的每个元素均对应矩阵 $\boldsymbol{C}_{\mathrm{t}}$ 的特征值 $\lambda_i\left(i = 1,2,\ldots,\ N^2\right)$，即

$$\boldsymbol{C}_{\mathrm{Y}} = \begin{bmatrix} \lambda_1 & & & & & \\ & \lambda_2 & & & 0 & \\ & & \cdots & & & \\ & & & \lambda_i & & \\ & 0 & & & \cdots & \\ & & & & & \lambda_{N^2} \end{bmatrix} \qquad （3\text{-}27）$$

协方差矩阵 $\boldsymbol{C}_{\mathrm{Y}}$ 的非对角线元素全为 0，这表明经过变换后，向量 $\boldsymbol{Y}$ 的各像素之间是相互独立的。相比之下，矩阵 $\boldsymbol{C}_{\mathrm{t}}$ 的非对角线元素不为 0，

这表明原始图像各元素之间存在较强的相关性。因此，K-L 变换的显著优势是能够有效地去除数据的相关性，使得变换后的数据更加独立。

K-L 反变换的推导是基于矩阵 C_t 的性质的，由于 C_t 是实对称矩阵，它必定存在一组标准正交的特征向量集合，使其满足相应的条件，即 $A^{-1} = A^T$，从而可以构建出 K-L 反变换的具体表达式。

$$X = A^{-1}Y + m_t \tag{3-28}$$

总体而言，离散 K-L 变换的突出优势在于其出色的去相关能力，这种能力在数据压缩、图像旋转等领域具有重要应用。然而，离散 K-L 变换的实际应用也面临一些挑战，如协方差矩阵 C_t 的特征值和特征向量计算复杂度较高。另外，由于 K-L 变换本质上是不可分离的，在多数情况下缺乏高效的快速算法来实现 K-L 变换。

3.3　缨帽变换

缨帽变换是针对植物学研究而开发的一种图像处理技术，其能够通过旋转原始图像数据的坐标轴，达到优化植被特征表现的目的，使这些特征在图像中更加清晰、易于辨识。

1976 年，一种被称为缨帽变换的新线性变换方法被提出。这种方法能够旋转坐标空间，以优化数据分布，其坐标轴的选择并非指主成分的方向，而是指另外一个方向，这些方向与地表特征，特别是植被生长和土壤属性紧密相关。缨帽变换不仅能够对信息进行有效压缩，还能为农作物的特征分析提供有效帮助，具有重要的实践应用价值。

多波段图像（涵盖 N 个波段）可以被视作一个 N 维的空间结构，在此结构中，每个图像元素（像元）均对应一个点，其具体位置由该像元在各个波段上的具体数值确定。研究指出，亮度、绿度和湿度这 3 个核心数据维度足以刻画植被的主要特征。为了获取这些信息，需要执行线性计算并旋转空间坐标，在这一过程中设定恰当的转换系数。值得注意的是，空间旋转的实现方式与所使用的传感器类型紧密相关，因此在操作前必须明确传感器的具体类型。

3.3.1　基于缨帽变换的水体信息提取

水边线是水体与陆地的分界线，因此，水体信息的提取对水边线的提取具有重要的参考价值。[①] 通过准确地获取水体信息，可以有效地限定水边线的提取范围，从而提升提取结果的精度。利用缨帽变换提取水体信息时，通常需要经过以下 3 个主要步骤。

1）提取湿度指数

缨帽变换是一种独特的线性变换方法，通过旋转多维数据生成新的主成分，将光谱特性与自然景观的属性结合，同时实现数据降维，其数学模型可表示为

$$u = \boldsymbol{R}^{\mathrm{T}} x + r \qquad （3-29）$$

式中，$\boldsymbol{R}$——缨帽变换系数；

　　　x——不同波段像素值；

　　　r——常数偏移量。

缨帽变换技术能够将原始多波段图像数据重新映射为几个等量的新

---

① 　傅姣琪，陈超，郭碧云.缨帽变换的遥感图像水边线信息提取方法[J].测绘科学，2019，44（5）：177-183.

分量，其中前 3 个分量与地表特征密切相关。[①]第一个分量为亮度指数，反映地表物体的整体反射特性；第二个分量为绿度指数，主要用来表示植被的覆盖水平、叶面积指数、生物量等植被特性；第 3 个分量为湿度指数，反映地表的含水量情况。[②]除了这些主要分量外，其余分量可能包含光度信息或噪声内容，利用特定传感器的缨帽变换参数对经过预处理的反射率数据进行变换，可准确地提取湿度指数这一关键信息。

2）分割阈值

基于缨帽变换的物理含义，湿度指数是衡量地表物体水分含量的重要指标。该指数值与地表含水量成正比，水分丰富的地方湿度指数高，水分稀缺的地方湿度指数低。因此，水体相关的图像像素往往展现出较高的湿度指数值。本节对不同地表覆盖类型的湿度指数特性进行了深入剖析，确定了恰当的阈值区间，并据此对湿度指数实施分割操作，旨在初步识别并提取初始水体信息，这一过程的具体数学表达式为

$$I_{\text{water}} = \begin{cases} 1, I_{\text{wetness}} \geqslant T \\ 0, I_{\text{wetness}} < T \end{cases} \qquad (3\text{-}30)$$

式中，I_{water}——初始水体信息；

I_{wetness}——湿度指数；

T——选取的分割阈值。

3）去除小面积水域

数学形态学的核心操作包括腐蚀、膨胀、开运算和闭运算 4 种基本方法。数学形态学以阈值分割后的水体信息为基础进行分析。因此，所

① 苏琦，杨凤海，王明亮，等．基于 K-T 变换的 NDVI 提取方法研究 [J]．测绘与空间地理信息，2010，33（1）：150-152.
② 傅姣琪，陈超，郭碧云．缨帽变换的遥感图像水边线信息提取方法 [J]．测绘科学，2019，44（5）：177-183.

有涉及数学形态学的操作均针对二值图像进行处理。

初始水体信息包含海洋、湖泊、河流等高含水量的地物，为了提取更精确的水边线信息，需要消除湖泊和河流的干扰。基于湖泊、河流与海洋在面积和形状上的差异性，对初始水体信息进行开运算和闭运算处理。基于数学形态学的小面积水域去除方法可以有效地填补因船舶导致的海面孔洞，并保留原有的海洋边界范围，获得优化后的水体信息。

3.3.2　基于特征知识支持的水边线信息提取

将水体信息进行矢量化处理，提取水体的边缘特征，生成初始水边线数据，然后与水边线在遥感图像中的分布特性结合，分析水体的连续性规律，利用特征知识对水边线信息进行精准地提取和分析。

1）基于长度阈值的噪声去除

使用数学形态方法去除小面积水域的效果在很大程度上与结构元素的尺寸和形状有关，如果小面积水域未被完全清除，矢量化处理后会出现许多较短的线段，这些线段在图像中通常表现为噪声。为了解决这一问题，对线段长度进行统计分析，并设定合理的阈值过滤噪声。

$$L_i \leqslant L_T\ (i=1,2,3,\cdots,N) \tag{3-31}$$

式中，N——水边线总数；

L_i——第 i 条水边线的长度；

L_T——设定的最短水边线长度。

满足式（3-31）的条件时，相应的水边线段会被移除；不满足式（3-31）的条件时，保留该段水边线，以进行后续分析。为了进一步提升处理的精度，将所有水边线段按照长度从长到短的顺序排列。经验表明，通常选取水边线总数量中前 95% 长度的线段值作为参考标准，即

$$L_T = L_i \left[i = \mathrm{INT}(0.95 \times N) \right] \qquad (3\text{-}32)$$

2）基于距离和方向的断线连接

受混合像元效应及滩涂区域含水量分布不均的影响，水边线在某些区域出现了断开的现象，为了获得完整的水边线信息，需要对这些断裂部分进行连接处理。基于水边线的连续性特点，需要统计每段水边线相对于水平 X 轴的方向角，以及与邻近水边线的距离关系。假设某段水边线上像素坐标分别为

$$(x_1, y_1), (x_2, y_2), \cdots, (x_n, y_n) \qquad (3\text{-}33)$$

式（3-33）中，n 表示该段水边线中包含的像素数量。利用最小二乘法可以拟合出描述该段水边线的线性方程，其表达式为

$$y = kx + d \qquad (3\text{-}34)$$

式中，k、d——待拟合的系数。

因此，水边线相对于 X 轴的方向可表示为

$$A = \arctan k \qquad (3\text{-}35)$$

相邻水边线之间的距离通过计算两条水边线中相邻坐标点的直线距离确定。假设点 (x_{ai}, y_{ai}) 和 (x_{bj}, y_{bj}) 分别位于相邻的水边线 a、b 上，它们之间的距离可以表示为

$$D = \min \left(\sqrt{\left(x_{ai} - x_{bi} \right)^2 + \left(y_{aj} - y_{bj} \right)^2} \right) \qquad (3\text{-}36)$$

式中，$\min$——取最小值；

　　i——水边线 a 上坐标点的编号；

　　j——水边线 b 上坐标点的编号。

设定阈值，判定相邻水边线是否满足连接条件。

$$\left.\begin{array}{l} D_{m-n}{\leqslant}D_T \\ |A_m - A_n|{\leqslant}A_T \end{array}\right\}$$　　　　（3-37）

式中，D_T——相邻水边线的距离差；

　　　A_T——相邻水边线的角度差；

　　　D_{m-n}——水边线 m 和水边线 n 之间的距离；

　　　A_m——水边线 m 相对于 X 轴的角度；

　　　A_n——水边线 n 相对于 X 轴的角度。

3.4　彩色变换

　　彩色变换技术旨在通过统一框架调整彩色图像的各组成部分，进而提升图像的视觉效果。在详细探讨彩色变换之前，需要了解彩色图像的两种主要处理方法：一种方法是将彩色图像拆分为单独的分量图像（如红、绿、蓝通道），分别对这些分量进行处理，随后将处理后的分量合并为完整的彩色图像；另一种方法是直接对彩色图像的像素进行操作，以 RGB 模型为例，图像中的每个像素可视为从坐标系原点指向该点的 RGB 向量，记作 c，这种直接处理像素的方法为图像颜色特性的调整提供了更大的灵活性。

$$c = \begin{pmatrix} c_R \\ c_G \\ c_B \end{pmatrix} = \begin{pmatrix} \boldsymbol{R} \\ \boldsymbol{G} \\ \boldsymbol{B} \end{pmatrix}$$　　　　（3-38）

图像的色彩变换可表示为

$$s_i = T_i(r_i) \tag{3-39}$$

式中，r_i——输入分量图像的灰度值；

s_i——输出分量图像的灰度值；

T——彩色变换的映射函数。

3.4.1 调整彩色图像亮度

通过彩色变换调整图像亮度时，不同彩色模型采用的方式各不相同。在 HSI 模型中，亮度由单独的 I 分量直接表示，因此可以针对 I 分量进行简单的调整，从而改变图像的整体亮度。[①]

$$s_3 = kr_3 \tag{3-40}$$

令 $s_1 = r_1$、$s_2 = r_2$，仅改变亮度分量 s_3。使用 RGB 彩色模型时，$\boldsymbol{R}$、$\boldsymbol{G}$、$\boldsymbol{B}$ 这 3 个分量都必须变换，即

$$s_i = kr_i \tag{3-41}$$

在 CMY 颜色模型中，亮度调整通常依赖一种近似的线性变换方法，即

$$s_i = kr_i + (1-k) \tag{3-42}$$

在 CMYK 彩色模型中，调整图像亮度的关系式为

$$s_i = \begin{cases} r_i, \\ kr_i + (1-k) \end{cases} \tag{3-43}$$

---

① 王俊祥，赵怡，张天助. 数字图像处理及行业应用 [M]. 北京：机械工业出版社，2022：114.

CMYK 图像的亮度调整只需要对第 4 个分量 K 进行修改即可。该方法的基本思路是将彩色图像分解为独立的分量，并对每个分量进行处理，类似于灰度图像的调整方式，从而完成亮度的调节。

3.4.2　补色

在某种颜色模型中，两种颜色相加能够形成白色或者黑色。补色对比强烈，可以在视觉感知和图像增强方面发挥出重要的作用，这种补色技术能够广泛应用于图像处理、色彩校正和艺术设计领域。

在 RGB 模型中，红（R）、绿（G）、蓝（B）是三种基本色光，它们的补色分别为青（C）、品红（M）和黄（Y）。在图像处理中，补色变换常用来增强对比度、突出目标区域或进行色彩校正。

3.4.3　彩色分层

彩色分层是一种用来强化图像中特定彩色区域并分离目标物体的图像处理方法。其经典实现方式有以下两种。

（1）借鉴灰度分层技术，将彩色图像的分层处理扩展到多维颜色空间。然而，相较于灰度图像，彩色图像的处理涉及更为复杂的变换函数。

（2）对不属于感兴趣区域的部分进行颜色映射，将其转化为低饱和度或不显眼的自然色，从而突出目标区域的颜色特征。如果感兴趣的颜色范围由一个以分量为中心、宽度为 W 的立方体包围起来，那么该范围可以通过特定的变换公式来表示。

$$s_i = \begin{cases} 0.5, & \left[\left| r_j - a_j \right| > \dfrac{W}{2} \right]_{1 \leqslant j \leqslant n} \\ r_i, & \text{其他} \end{cases} \qquad (3\text{-}44)$$

如果通过球体定义感兴趣的颜色范围，那么变换公式为

$$s_i = \begin{cases} 0.5, & \sum_{j=1}^{n}\left(r_j - a_j\right)^2 > R_0^2 \\ r_i, & \text{其他} \end{cases} \qquad (3\text{-}45)$$

通过结合上述两个公式，可以定义感兴趣的颜色区域，并通过降低区域外颜色的亮度，实现彩色分层的效果。

3.4.4　色调范围校正

图像的色调范围校正能够有效地解决颜色分布不均的问题。色调范围（又称主特性）指的是图像中颜色亮度的分布区域，能够反映彩色强度的整体分布特征。根据图像的色调范围特性，可将其分为以下几类。

（1）高调图像。彩色亮度集中在高亮度区域，图像整体呈现明亮的视觉效果。

（2）低调图像。彩色亮度集中在低亮度区域，图像整体显得较暗。

（3）中调图像。彩色亮度集中在中间亮度范围内，图像亮度适中。

色调范围校正的目标是根据原始图像的亮度分布特性，选择适当的变换函数，将彩色图像的亮度调整为均匀分布状态，进而增强图像效果。

3.4.5　直方图处理

灰度直方图技术在彩色图像处理中具有重要的作用，通过直方图均衡化，可以自动生成一种变换函数，使图像的灰度值在直方图上呈现均匀分布状态。在单色图像处理中，这种方法能够有效地增强低调、中调和高调图像的对比度。

彩色图像由多个分量（如 R、G、B）组成，如果单独对每个分量分别进行直方图均衡化，可能会导致颜色失真，从而影响图像的真实性。因此，直接处理各分量的方法并不可取。一种更为合适的方法是针对彩色图像的亮度分量进行均衡化处理，同时保持色调和饱和度不变。例如，在 HSI 模型中，仅调整亮度（I 分量），色调（H 分量）和饱和度（S 分量）保持原状。通过这种方式，可以在增强图像对比度的同时，避免破坏原有的色彩关系。

这种基于亮度分量的直方图处理方法能够有效地提升彩色图像的视觉效果，同时保证色彩的自然性和协调性。

3.5   傅里叶变换

3.5.1   连续函数的傅里叶变换

假设 $f(x)$ 是关于实变量 x 的一维连续函数，当 $f(x)$ 满足狄里赫莱条件时，其傅里叶变换及反变换必然存在。狄里赫莱条件要求 $f(x)$ 在定义域内仅包含有限个间断点和极值点，且函数必须绝对可积。在实际应用中，这些条件通常都能得到满足，因此傅里叶变换在实际问题中具有广泛的适用性。

一维连续函数的傅里叶变换对定义为

$$F[f(x)] = F(u) = \int_{-\infty}^{+\infty} f(x) e^{-j2\pi ux} dx \qquad (3-46)$$

$$F^{-1}[F(u)] = f(x) = \int_{-\infty}^{+\infty} F(u) e^{j2\pi ux} du \qquad (3-47)$$

式中，x——时域变量；

u——频域变量。

一维连续函数的傅里叶变换及其反变换通常用特定符号表示为

$$F(u) = R(u) + jI(u) \qquad (3-48)$$

可以将式（3-48）表示为

$$F(u) = |F(u)| e^{j\theta(u)} \qquad (3-49)$$

式（3-49）中，振幅为

$$|F(u)| = \sqrt{R^2(u) + I^2(u)} \qquad (3-50)$$

式（3-50）中，相角为

$$\theta(u) = \text{tg}^{-1} \left[\frac{I(u)}{R(u)} \right] \qquad (3-51)$$

将振幅谱的平方称为 $f(x)$ 的能量谱，表示为

$$E(u) = |F(u)|^2 = R^2(u) + I^2(u) \qquad (3-52)$$

当傅里叶变换从一维连续函数推广到二维时，只要二维函数 $f(x, y)$ 满足狄里赫莱条件，其傅里叶变换及其反变换即可定义，对应的变换关系为

$$F[f(x,y)] = F(u,v) = \int_{-\infty}^{+\infty} \int_{-\infty}^{+\infty} f(x,y) e^{-j2\pi(ur+y)} dx dy \qquad (3-53)$$

$$F^{-1}[F(u,v)] = f(x,y) = \int_{-\infty}^{+\infty} \int_{-\infty}^{+\infty} F(u,v) e^{j2\pi(ux+vy)} du dv \qquad （3-54）$$

式中，x、y——时域变量；

u、v——频域变量。

对于二维连续函数，其傅里叶变换及反变换通常用特定的符号来表示，即 $f(x,y) \Leftrightarrow F(u,v)$。如果 $F(u,v)$ 的实部为 $R(u,v)$、虚部为 $I(u,v)$，那么它的复数形式、指数形式、振幅、相角及能量谱分别为

$$F(u,v) = R(u,v) + jI(u,v) \qquad （3-55）$$

$$F(u,v) = |F(u,v)| e^{j\theta(u,v)} \qquad （3-56）$$

$$|F(u,v)| = \sqrt{R^2(u,v) + I^2(u,v)} \qquad （3-57）$$

$$\theta(u,v) = \mathrm{tg}^{-1}\left[\frac{I(u,v)}{R(u,v)} \right] \qquad （3-58）$$

$$E(u,v) = R^2(u,v) + I^2(u,v) \qquad （3-59）$$

3.5.2　离散函数的傅里叶变换

计算机只能处理离散化的数据类型，因此无法直接应用连续傅里叶变换。为了解决这个问题，需要将连续函数转换为离散函数，进而将连续傅里叶变换调整为离散傅里叶变换，以适应计算机的数值计算能力，并执行相关运算。

假设 $\{f(x)| f(0), f(1), f(2), \cdots, f(N-1)\}$ 为一维信号 $f(x)$ 的 N 个采样，其离散傅里叶变换对为

$$F[f(x)] = F(u) = \sum_{x=0}^{N-1} f(x) e^{-j2\pi ux/N} \tag{3-60}$$

$$F^{-1}[F(u)] = f(x) = \frac{1}{N} \sum_{u=0}^{N-1} F(u) e^{j2\pi ux/N} \tag{3-61}$$

需要注意的是，式（3-61）中的系数 $1/N$ 可以灵活地放置在式（3-60）中。此外，在某些情况下，可以分别在傅里叶正变换和逆变换的表达式前乘以不同的系数 $1/\sqrt{N}$，只要两者的系数乘积等于 $1/N$，就对结果的正确性没有影响。

由欧拉公式可知

$$e^{j\theta} = \cos\theta + j\sin\theta \tag{3-62}$$

将式（3-62）代入式（3-60）中，并利用 "$\cos(-\theta) = \cos(\theta)$"，可得

$$F(u) = \sum_{x=0}^{N-1} f(x) \left(\cos\frac{2\pi ux}{N} - j\sin\frac{2\pi ux}{N} \right) \tag{3-63}$$

由此可知，离散序列的傅里叶变换结果仍然是一个离散序列。对于每个频率 u，傅里叶变换的输出值是输入序列 $f(x)$ 的加权和，其中每个 $f(x)$ 都与特定频率的正弦函数和余弦函数相乘并进行加权，频率 u 的值决定了对应傅里叶变换结果的频率分量。

一维离散傅里叶变换在复数形式、指数形式、振幅、相角、能量谱等方面的表示，与一维连续函数的相应表达式具有相似之处，其计算原理基本一致。

当一维离散傅里叶变换扩展至二维时，其对应的二维离散傅里叶变换对定义为

$$F[f(x,y)] = F(u,v) = \sum_{x=0}^{M-1} \sum_{y=0}^{N-1} f(x,y) e^{-j2\pi\left(\frac{ux}{M} + \frac{vy}{N}\right)} \tag{3-64}$$

$$F^{-1}[F(u,v)] = f(x,y) = \frac{1}{MN} \sum_{u=0}^{M-1} \sum_{v=0}^{N-1} F(u,v) e^{j2\pi\left(\frac{ux}{M}+\frac{vv}{N}\right)} \qquad (3\text{-}65)$$

式中，x、y——时域变量；

u、v——频域变量。

与一维离散傅里叶变换类似，二维离散傅里叶变换中的系数 $1/MN$ 可以被灵活地分配在正变换或逆变换中。另外，可以分别在两者前各乘以一个系数 $1/\sqrt{MN}$，只要两个系数的乘积等于 $1/MN$，即可保证计算结果的正确性。

二维离散函数的表示形式包括复数形式、指数形式、振幅、相角和能量谱，与对应的二维连续函数的表达式相似，其基本结构和计算方式具有一致性。

3.5.3　二维离散傅里叶变换的基本性质

二维离散傅里叶变换（discrete fourier transform, DFT)）的性质在数字图像处理中是非常有用的。通过利用这些性质，一方面可以简化离散傅里叶变换的计算方法，另一方面可以解决图像处理中的某些实际问题。[①] 二维离散傅里叶变换的基本性质如表 3-3 所示，这些性质为高效的图像处理方法提供了坚实的理论基础。

---

① 蔡体健，刘伟. 数字图像处理：基于 Python[M]. 北京：机械工业出版社，2022：286.

表 3-3　二维离散傅里叶变换的基本性质

序号	性质	数学定义表达式
1	线性	$af_1(x,y) + bf_2(x,y) \Leftrightarrow aF_1(u,v) + bF_2(u,v)$
2	比例性	$f(ax,by) \Leftrightarrow \dfrac{1}{\|ab\|}F\left(\dfrac{u}{a}, \dfrac{v}{b}\right)$
3	可分离性	$F(u,v) = F_y\left\{F_x[f(x,y)]\right\} = F_x\left\{F_y[f(x,y)]\right\}$ $f(x,y) = F_u^{-1}\left\{F_v^{-1}[F(u,v)]\right\} = F_v^{-1}\left\{F_u^{-1}[F(u,v)]\right\}$
4	周期性	$F(u,v) = F(u+aN, v+bN)$ $f(x,y) = f(x+aN, y+bN)$
5	共轭 对称性	$F(u,v) = F^*(-u,-v)$ $\|F(u,v)\| = \|F(-u,-v)\|$
6	旋转 不变性	$f(r, \theta+\theta_0) \Leftrightarrow F(w, \varphi+\theta_0)$
7	频率位移	$f(x,y)\mathrm{e}^{j2\pi(u_0 x/M + v_0 y/N)} \Leftrightarrow F(u-u_0, v-v_0)$
8	空间位移	$f(x-x_0, y-y_0) \Leftrightarrow F(u,v)\mathrm{e}^{-j2\pi(ux_0/M + vy_0/N)}$
9	平均值	$\overline{f}(x,y) = \displaystyle\sum_{x=0}^{M-1}\sum_{y=0}^{N-1} f(x,y)$

序号	性质	数学定义表达式
10	卷积定理	$f_e(x,y) * g_e(x,y) \Leftrightarrow F(u,v)G(u,v)$ $f_e(x,y)g_e(x,y) \Leftrightarrow F(u,v) * G(u,v)$
11	相关定理	$f(x,y) * g(x,y) \Leftrightarrow F(u,v)G^*(u,v)$ $f(x,y)g^*(x,y) \Leftrightarrow F(u,v) * G(u,v)$

假设有两个二维离散函数$f_1(x,y)$和$f_2(x,y)$，其对应的傅里叶变换分别表示为$F_1(u,v)$和$F_2(u,v)$。

1）线性

$$af_1(x,y) + bf_2(x,y) \Leftrightarrow aF_1(u,v) + bF_2(u,v) \qquad (3-66)$$

式中，a、b——常数。

这一性质能够显著地减少傅里叶变换的计算时间。如果已知$f_1(x,y)$和$f_2(x,y)$的傅里叶变换结果为$F_1(u,v)$和$F_2(u,v)$，则无须按照式（3-64）重新计算"$af_1(x,y) + bf_2(x,y)$"的傅里叶变换，只需要将"$aF_1(u,v) + bF_2(u,v)$"直接相加即可。

2）比例性

对于两个标量a和b，有

$$f(ax,by) \Leftrightarrow \frac{1}{|ab|}F\left(\frac{u}{a}, \frac{v}{b}\right) \qquad (3-67)$$

式（3-67）表明，当空间比例尺度被拉伸时，频域中的比例尺度会

相应地缩小，同时幅值会减少到原来的 $1/|ab|$。

3）可分离性

式（3-64）和式（3-65）可以变换为

$$F(u,v) = \sum_{x=0}^{M-1}\left[\sum_{y=0}^{N-1}f(x,y)\mathrm{e}^{-j2\pi vy/N}\right]\mathrm{e}^{-j2\pi ux/M} \qquad （3-68）$$

$$f(x,y) = \frac{1}{MN}\sum_{u=0}^{M-1}\left[\sum_{v=0}^{N-1}F(u,v)\mathrm{e}^{j2\pi vy/N}\right]\mathrm{e}^{j2\pi ux/M} \qquad （3-69）$$

根据这一性质，二维离散傅里叶变换（或逆变换）可以通过两次一维离散傅里叶变换（或逆变换）逐步完成，从而简化计算过程。

以正变换为例，首先对函数 $f(x,y)$ 在 y 轴方向上进行傅里叶变换，得到中间结果为

$$F(x,v) = \sum_{y=0}^{N-1}f(x,y)\mathrm{e}^{-j2\pi vy/N} \qquad （3-70）$$

然后，对上述结果沿 x 轴方向 $F(x,v)$ 执行一维离散傅里叶变换，最终得到的结果为

$$F(u,v) = \sum_{x=0}^{M-1}F(x,v)\mathrm{e}^{-j2\pi ux/M} \qquad （3-71）$$

显然，无论是先沿 x 轴进行离散傅里叶变换，再沿 y 轴进行变换，还是按相反顺序操作，其最终结果都是相同的。

4）周期性与共轭对称性

如果离散傅里叶变换及其反变换的周期为 N，则其周期性满足以下规律。

$$F(u,v) = F(u+aN, v+bN) \qquad (3\text{-}72)$$

$$f(x,y) = f(x+aN, y+bN) \qquad (3\text{-}73)$$

函数 $f(x,y)$ 是一种周期为 $F(x,v)$ 的离散函数，其特点是当变量 u 和 v 取无限多组整数值时，函数值会呈现周期性的规律。在进行反变换求解 $f(x,y)$ 时，仅需要考虑其中一个完整周期的数据。另外，在空间域中，函数 $f(x,y)$ 同样展现出相同的周期性特征。

共轭对称性可表示为

$$F(u,v) = F^*(-u, -v) \qquad (3\text{-}74)$$

$$|F(u,v)| = |F(-u,-v)| \qquad (3\text{-}75)$$

共轭对称性显示，变换后的信号大幅值以原点为中心呈现出镜像对称的特点。因此，仅需要计算一个周期内的半部分数据，而另一半数据可通过对称性原理直接推导出来。这种方法简化了计算流程并减少了工作量。

5）频率位移及空间位移

（1）频率位移。

$$f(x,y)e^{j2\pi(u_0 x/M + v_0 y/N)} \Leftrightarrow F(u-u_0, v-v_0) \qquad (3\text{-}76)$$

（2）空间位移。

$$f(x-x_0, y-y_0) \Leftrightarrow F(u,v)e^{-j2\pi(ux_0/M + vy_0/N)} \qquad (3\text{-}77)$$

这一特性说明，通过将 $e^{j2\pi(u_0 x/M + v_0 y/N)}$ 与某函数 $f(x,y)$ 相乘并进行傅里叶变换，可以将空间频率域 uv 平面中的原点从（0，0）平移到

(u_0, v_0)目标位置。[①] 此外，若将$F(x,v)$与另一函数$e^{-j2\pi(ux_0/M+vy_0/N)}$相乘后进行离散傅里叶反变换，则可以将空间$xy$平面中的原点从（0，0）平移至（$x_0$，$y_0$）。这种方法有效地实现了坐标系原点的灵活平移。

在数字图像处理领域，为了更直观地观察和分析图像的傅里叶频谱分布，可以将空间频率平面中的坐标原点平移至$(M/2, N/2)$位置。这一操作能够更清晰地展现频谱的对称性和分布特征，有助于后续处理和分析。令$u_0 = M/2$、$v_0 = N/2$，则

$$f(x,y)(-1)^{x+y} \Leftrightarrow F\left(u-\frac{M}{2}, v-\frac{N}{2}\right)　　　（3-78）$$

在数字图像处理中，二维离散傅里叶变换的结果如图 3-1 所示。其频率成分分布特点：左上角代表直流成分，4 个角附近为低频成分，高频成分集中在中心区域。为了更直观地观察频谱分布，可将直流成分移动到窗口中心。依据傅里叶频率位移的原理，只需要将$f(x,y)$与因子$(-1)^{x+y}$相乘后进行傅里叶变换，即可实现这一目的。调整完成后，频谱的直流成分位于中心，低频成分围绕中心分布，而高频成分向外延伸。

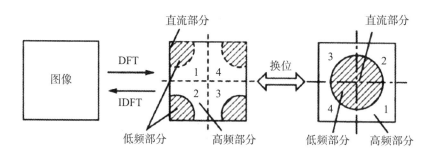

图 3-1　二维离散傅里叶变换的频谱分布

① 刘琼. 图像和视频压缩中关键算法的研究 [D]. 湘潭：湘潭大学，2010.

6）平均值

二维离散函数 $f(x,y)$ 的平均值定义为

$$\overline{f}(x,y) = \sum_{x=0}^{M-1}\sum_{y=0}^{N-1} f(x,y) \tag{3-79}$$

由式（3-79）可知

$$F(0,0) = \sum_{x=0}^{M-1}\sum_{y=0}^{N-1} f(x,y) \tag{3-80}$$

对比式（3-79）和式（3-80）可得

$$\overline{f}(x,y) = F(0,0) \tag{3-81}$$

这说明 $f(x,y)$ 的平均值等于其傅里叶变换 $F(u,v)$ 在频率原点的值 $F(0,0)$。

第 4 章　遥感图像分类与分割技术

4.1　遥感图像分类的基本原理

遥感图像分类技术是人工智能的一个重要领域，其主要应用于遥感数据分析，旨在模拟人类的视觉识别能力。在遥感影像处理中，这项技术通常使用模式识别的方法，并根据图像中地物的光谱特征进行分类。识别的主要目标是图像中的不同地物类型，区分这些地物的关键依据是它们的光谱特性及相关的表示参数。

遥感图像分类的理论依据是图像中地物的光谱特征和空间特征的差异性。在理想情况下，具有相似性质的地物在遥感图像中的光谱和空间特征应当相近，而不同地物的特征应存在显著的差异。这一理论假设需要以下几个关键点支撑。

（1）光谱特征差异性。不同类型的地物反射或辐射的电磁波在各个波段上的特征不同。因此，可以根据光谱特征（如不同波段的反射率）区分图像中的地物。

（2）空间特征差异性。除了光谱信息外，地物在空间上的分布模式和形态也具有独特性。通过空间特征（如形状、纹理、位置等），可以进一步辅助地物分类。

（3）像元归类。遥感图像中的每个像元可以被视为某种地物的表现，其光谱和空间特征反映了该地物的特性。相似的像元通常属于同一地物类型，可以通过聚类分析或其他分类方法将相似特征的像元归为一类。

（4）分割标准。为了有效地区分不同类别的地物，需要设定明确的分割标准。这些标准基于对不同特征集群的识别，确保每个分类结果尽可能精确地代表特定的目标或地物类型。

遥感图像分类方法包括监督分类、非监督分类、专家分类、模式识别、神经网络分类、分形分类、模糊分类等。其中，监督分类和非监督分类是常用的分类方法。监督分类通过从已知类别的区域获取训练数据，进而依据遥感图像的灰度、纹理等特征进行分类。在使用这种方法的时候，必须预先定义目标类别，若目标类别不清晰或没有先验知识，通常会先对像元进行聚类，自动将图像划分为不同的数据群体，并根据群体特征进一步分类。非监督分类不依赖任何先验知识，完全依据像元的光谱特征，通过自组织算法将像素自动划分为多个类别。

遥感图像分类的基本工作流程如下所示。

（1）预处理。在分类之前，通常需要对原始图像进行一系列预处理操作，如图像裁剪、辐射校正、几何校正等。

（2）选择分类方法。对原始遥感图像进行预处理后，需要根据具体需求和环境，综合评估监督分类与非监督分类的优缺点，从而选择合适的分类方法。

（3）特征选取。特征在遥感图像分类中起着重要的作用，图像的特征由波段数值及其处理后的相关信息构成。每个波段可视为一个独立的特征，且所有特征在样本或像素数量上保持一致。原始遥感图像的特征通常具有较高的相关性，若直接使用所有特征进行分类，不仅会增加计算负担，还会降低分类精度。因此，需要对原始图像的特征进行筛选和优化，从 n 个特征中（$n>k$）提取具有代表性的 k 个特征，以提高分类的效率和准确性。遥感图像应具备以下 4 个关键特性。①区分性。不同类别的对象应在特征值上表现出显著的差异，从而可以有效地进行区分。②稳定性。同一类别的对象应呈现出相似的特征值，确保分类结果的可靠性。③独立性。各个特征之间应尽量没有关系，将这些特征组合起来，以降低噪声干扰，这在遥感图像处理中尤为重要。④简洁性。特征数量应当尽可能少，这是因为分类复杂度会随着特征数量的增加而提升，特征过多会影响分类的能力，尤其是包含噪声或其他特征的变量。特征变量的筛选是一个多维度考量的过程，它深受应用目的、地域特性、遥感图像分类、拍摄季节等诸多要素的制约。选取适量且能有效地提升同类地表覆盖物相似度的特征，确保这些特征能清晰地辨别不同类型的地表覆盖物，在实践中，需要反复试验才能确定最优的特征变量。

（4）后处理。分类过程通常是按照逐个像素进行的，在输出的分类图中，常会出现某些地物类别中零散的异类像素，这些像素往往是"不合理的类别噪声"。为了提高分类结果的准确性，必须根据实际需求对分类结果进行后处理。

（5）精度检验、结果输出。分类结果的精度与可靠性需要通过评估进行确认，受到传感器空间分辨率和光谱分辨率的限制，输入到传感器的信息常常是混合的地物数据。另外，受"同物异谱"和"异物同谱"现象的影响，错分现象在图像分类中较为普遍。分类后的结果必须进行验证，错分像素和地块的比例越小，分类精度越高。根据具体需求设置投影、比例尺、图例等元素，然后制作专题图，或将数据转换为矢量格式，以便在其他系统中使用。

4.2 遥感图像监督分类

4.2.1 监督分类的概念

监督分类是一种基于已有标注数据进行图像分类的方法，在这种方法中，首先要选择一些具有已知类别的样本区域，然后提取其中地物的光谱特征作为训练数据。通过这些训练数据，计算机学习并建立分类判别规则，从而形成分类模型。使用该模型对图像中未标注的像素进行分类，并将其归入符合的类别。

在监督分类方法中，用户需要积极参与并掌控分类过程，这就要求用户深入了解研究区域。在监督分类过程中，用户选取可通过识别或辅助信息确定类别的像元，进而构建分类模板。然而，计算机系统能够依据此模板自动搜索并归类具有相似特征的像元，通过不断地评估分类结果调整模板，经过多次迭代优化，建立起一个高度准确的模板，最终完成整体的分类任务。[①]

监督分类通常包括以下几个步骤。

（1）选择训练样本。从图像中选择一些已知类别的像元或区域，将这些样本用于分类模板的建立，选择的样本应当具有代表性，且能够覆盖各类地物的光谱特征。

① 李景文，朱明，姜建武，等. 地表覆盖神经网络分类理论与方法 [M]. 北京：冶金工业出版社，2022：66.

（2）提取特征与建立模板。选定训练样本的光谱特征（如波段值），并用这些特征来构建分类模板，将这些模板作为计算机学习的基础。

（3）分类训练。利用训练样本和相应的模板，计算机系统学习将像元或区域划分为特定类别，建立分类判别规则。

（4）分类执行。根据已训练的分类模型，对图像中的未知像元进行分类，将它们归入符合的类别。

（5）评估与调整结果。对初步分类结果进行评估，并检查分类精度。根据评估结果对训练样本和模板进行调整，重新训练。

（6）迭代优化。重复进行样本选择、特征提取、模板调整等过程，直到获得满意的分类结果。

（7）最终分类。在优化后的模板和分类模型基础上，完成最终的图像分类，并生成分类结果。

4.2.2　监督分类的训练样区选择

训练样区的选取需要覆盖研究区内所有待区分的地表覆盖类型，目的是从这些样区中提取各类地物的特征光谱信息。基于这些信息，可以构建出用于分类的判别函数，这些函数可以作为计算机执行自动化分类任务的基础和依据。

因此，在监督分类中，训练样区的选择是非常重要的。在选择训练样区的时候，应当注意下面几个问题。

（1）训练样区的选取应强调其典型性与代表性，确保所选类别与目标研究区域中的类别匹配。样本点应来源于各类地物广泛分布的核心区域，避免选取边界模糊或类别混合的区域，确保采集的数据能够精确地捕捉各类地物的典型特征，保障分类结果的准确性。

（2）在确定训练样区的类别属性时，需要保证使用的地图或实地勘察数据与遥感图像的时间一致，这样能够避免因地物随时间变化而导致分类模板的错误设定。

（3）在确定训练样本数量时，需要平衡参数估计的合理性和计算效率。样本数应足够多，这样能够确保分类结果准确，同时应避免过多样本带来的计算负担。具体样本量的选择应由对图像的熟悉程度和图像特性决定。

（4）选定训练样本后，利用直方图对其分布特性进行评估，理想的样本分布形态应为单一峰值且近似正态分布。如果直方图呈现双峰状，即形似两个正态分布的叠加，这可能暗示样本中存在混淆的类别，需要考虑重新筛选样本，以确保准确性。

4.2.3　监督分类的方法

在实际应用中，监督分类法包括多种具体的技术手段，如最大似然分类法、图形识别法等。

（1）最大似然分类法。最大似然分类法可以概括为以下几个主要步骤。①选择代表性样本区。选取有代表性的实验区，明确样本区内的地物类别。②统计和计算样本特征。对样本区内的地物进行灰度统计，计算出每种地物类别的均值、方差和协方差矩阵。这些统计量能够反映地物类别在谱空间中的分布特征。③选择判别函数与设定规则。选定判别函数，如贝叶斯概率判别函数，并确定相应的判别规则。判别函数的选择直接影响分类结果的准确性。④验证判别函数的可靠性。利用已知类别的其他像素来检验判别函数的有效性，确保它在实际分类中能够发挥作用。⑤输入待分类图像并计算特征参数。将待分类的遥感图像输入系统，计算图像中各地物在各个波段的特征参数，评估每个像素属于已知类别的概率。⑥确定未知像素的类别。根据计算出的每个像素属于不同地物类别的概率，选取概率值最大的类别，并将其作为该未知像素的分类结果。

（2）图形识别法。在图像中选定特定区域作为样本，提取该区域内像元在不同波段的亮度值，并将其作为特征数据。基于这些特征数据构建波谱响应曲线，进而训练计算机模型识别该样本类别的图像特征。用曲线对未知像素进行类别判别，若相似度高，则将该像素归类到相应的类别中。

4.2.4　监督分类的优缺点

1）优点

（1）监督分类具有针对性和灵活性。监督分类能够根据具体的应用目标和区域特点，有针对性地制订分类方案。这种定制化的分类方案能够在一定程度上避免出现不必要的类别，使分类结果更符合实际需求。例如，在土地覆盖分类中，应用目标可能是农田、森林和城市区域，监督分类可以直接根据这一需求定义类别，而无须考虑数据中潜在的类别。另外，监督分类可以在分类结果的基础上，根据地学知识进行进一步的分析和解释，确保最终结果的适用性和准确性。

（2）监督分类具有较高的分类精度。监督分类能够通过训练样本进行分类精度的检查。训练样本在一定程度上是已知的，有助于训练分类模型，保证对特定类别的准确识别。因此，监督分类通常能够避免在分类过程中出现较为严重的错误。在实际应用中，通过精心选择和标注训练样本，可以有效地提高分类的可靠性和精度，尤其是在类别差异明显时，监督分类表现出较好的效果。

2）缺点

（1）主观性强。监督分类的主观性较强，分类方案的质量直接受到人为定义的影响。如果分类方案的设计不合理，不同类别之间的可分性就会很差，即便使用了高质量的训练数据，分类结果的精度也会受到很大的影响。如果将两个具有相似光谱特征的类别误归为一类，那么分类结果会存在误差。另外，监督分类可以将所有样本归为已定义的类别。如果某些类别未被定义，那么这些本应属于未定义类别的样本将被归类为其他已定义类别，这就造成了严重的分类错误。

（2）训练样本需求量大。监督分类依赖大量的训练样本进行模型训练，而训练样本的收集和标注需要消耗大量的人力、物力。在某些领域，尤其是在遥感图像处理过程中，充分且高质量训练样本的获取是非常困难的。训练样本数量不足或质量差会直接影响分类结果的精度和可靠性。另外，训练样本在特定区域内的代表性至关重要，如果训练样本不具备充分的代表性，那么在分类时可能会出现过拟合或欠拟合的情况，进而导致模型对未知数据的预测能力下降。

（3）类别样本难以获取。在某些研究中，研究者会关注一些特定的类别，无法获取其他类别的样本。即便有好的训练样本，也可能无法覆盖所有需要的类别，这种问题在一些遥感影像分类应用中尤为突出，尤其是在某些稀有类别的识别中，样本的稀缺性使得监督分类方法难以充分发挥作用。在这种情况下，研究者必须找到合适的方式，以获取或生成稀缺类别的训练样本，否则将影响最终的分类结果。

4.3 遥感图像非监督分类

4.3.1 非监督分类的概念

非监督分类也被称为空间聚类分析，它依据地物的光谱特性实现自动化分类。此方法适用于对目标区域缺乏先验知识的情况，它对统计特征进行初步划分，然后进行识别，在这个过程中减少了人工干预，因此非监督分类具备高度自动化的特点。一般情况下，非监督分类包括初步分类、专题判断、类别整合、颜色选定、后续处理、颜色重新定义、栅格与矢量数据转换、统计分析等多个步骤。[1]

在遥感图像中，相同类型的地物在相似的环境条件下会展现出相似的光谱特征，进而形成一种内在的相似性，将这类具有相似性特征的地物归类为同一光谱区域；不同地物的光谱特征有所不同，进而将其归属为不同的光谱区域。从几何学角度来看，地物的点群或类别在 N 维特征空间中，通常呈现出一个较为密集的区域，且这些数据点（或像元）在亮度向量上具有较高的相似性，这就是非监督分类的理论基础。

在没有先验知识的情况下，一般先假定初步的参数，并对其进行预分类，形成初始集群，然后根据集群的统计特征，对这些初步设定的参数进行聚类和反复调整，直到参数变化控制在可接受的范围内，最终确定判别函数的稳定性。

---

[1] 王冬梅. 遥感技术应用 [M]. 武汉：武汉大学出版社，2019：181.

4.3.2 非监督分类的聚类分析

在缺乏已知类别的训练数据时，非监督分类成为一种有效的图像分析方法。然而，在复杂影像中选定的训练区往往无法涵盖所有可能的光谱模式，这会导致部分像元无法归类。在实际操作中，监督分类所需的类别和训练区面临着诸多挑战，因此在正式分类前，利用非监督分类方法探究数据的内在结构及自然点群的分布特征，这不仅能提供有价值的先验信息，还能为后续的分类决策提供更合理的依据。

1）聚类分析步骤

聚类分析与主成分分析一样，都是多变量统计分析的方法。其常规流程通常包括以下几个步骤。

（1）确定凝聚点（参考点）。初始分类中心的选择能够通过不同的方法进行。例如，可以根据样本的某些特征，如每个像元点的密度，选取密度最高的点作为聚类中心；选择一定间距的样本点，将它们的亮度值向量作为初始聚类中心。

（2）分类与调整。将选取的参考点作为中心，每次的分类过程与监督分类相似，使用最小距离法计算像元与参考点之间的距离，并将其归入最近的类别，这个循环操作被称作一次迭代。根据上一轮迭代所得的分类结果，计算各类别的均值向量，并将其作为新的分类中心，继续下一轮迭代。在整个过程中，可以设定控制参数，以优化分类规则，确保结果更加精确和稳定。

（3）终止迭代。在分类过程中，某些参数满足特定条件时，即可终止迭代。一般情况下，可以对最大迭代次数进行设定，并对前后两次分类结果中各类别像元变化的最大阈值进行规定。其中任意条件被满足时，系统便停止分类过程，进而确保计算效率和稳定性。

2）聚类分析方法

聚类分析是一个动态调整的过程，它会根据分类中的差异不断地优化。通常情况下，相关软件会提供两种主要的非监督分类方法，进而适应不同的分类需求。

（1）K 均值聚类。K 均值聚类方法要求预先设定分类的数量，在这个过程中，调整参数的次数相对较少，因此分类结果往往受到初始参数选择的影响。

（2）迭代自组织法。迭代自组织法是动态聚类中的一种代表性技术，它是在 K 均值算法的基础上进行改进的。与 K 均值聚类法不同，迭代自组织法允许在分类过程中根据设定的阈值参数动态地调整类别数量和分类结果。具体来说，迭代自组织法能够通过检验上一轮迭代的分类效果，决定是否对某些集群进行重新划分、合并或取消，进而优化最终的分类结果。迭代自组织法包括以下几个方面。①分解。设置"最大标准差"参数，当某一类别中某个波段的标准差超过设定的阈值时，将这个类别拆分为两个类别。②合并。设置"类间最小距离"参数，当两个类别之间的距离低于设定的阈值时，它们将被合并为一个类别。③取消。当某个类别中的像元数量低于设定的"最小像元数"参数时，删除该类别，其中的像元被重新分配到相邻的类别中。

4.4　遥感图像分割技术与应用

图像分割是将图像划分为若干个符合特定相似性标准或具有共同特征的连通区域的过程。假设 R 表示整个图像区域，将其分解成 N 个非空子区域 R_1、R_2、R_3……R_n，且这些子区域满足以下几个特定条件：①$\bigcup_{i=1}^{N} R_i = R$。②对于所有的 i 和 j，$i \neq j$，$R_i \bigcap R_j = l\varnothing$。③对于 $i = 1, 2, \cdots, N$，$P(R_i) = \text{TRUE}$。④对于 $i \neq j$，$P(R_i \bigcup R_j) = \text{FALSE}$。⑤对于 $i=1, 2, \cdots, N$，R_i 是连通的区域。

图像分割的核心是依据区域特征差异进行划分，这些特征可能包括灰度、颜色、纹理、边缘等。灰度图像的分割尤为常见，主要基于相邻像素灰度值的变化性与相似性。一般情况下，同一子区域内的像元具有相似的灰度值，但在不同区域之间的边界，像元表现为灰度值不连续的形式。由此看来，灰度图像分割方法可分为两类：①利用区域间灰度值不连续性确定边界。②利用区域内部灰度相似性对区域进行划分。

4.4.1　基于边缘的图像分割

在基于边缘检测的图像分割中，首先要确定图像中的边缘像素，然后将它们连接在一起，形成所需的边界。

1）图像边缘的概念

一般情况下，图像的边缘表现为不连续性的局部特征，会出现灰度、颜色、纹理结构等的突变。从概念上讲，边缘标志着一个区域的结束和另一个区域的开始，承载着丰富的信息特征。边缘具有方向性，同时包含幅度特征，是图像识别中的关键要素。通常情况下，沿边缘方向上的像素灰度变化较为平稳，而垂直于边缘的方向会呈现出剧烈的灰度变化。实际上，边缘的检测本质上是计算局部区域的微分算子，主要用来提取图像中的显著边界特征，如图 4-1 所示。

一阶导数的变化特性：灰度值从低到高变化（即从暗到亮）时，一阶导数值将会归零；灰度值从高到低变化（即从亮到暗）时，一阶导数值降至最低且为负数。相比之下，二阶导数在图像边缘的暗侧呈现正值，在亮侧则呈现负值。据此，一阶导数的幅度能有效地指示图像边缘的存在，而二阶导数的正负符号能精确地区分边缘像素是处于亮区还是暗区。

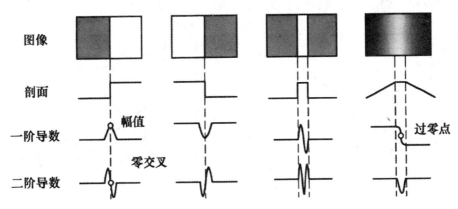

（a）上升阶跃边缘（b）下降阶跃边缘（c）脉冲状边缘（d）屋顶状边缘

图 4-1　图像边缘及其导数曲线

2）霍夫变换

霍夫变换是一种形状匹配技术，由霍夫（Hough）在 1962 年首创，旨在通过两个不同坐标系统的转换辨识平面内的直线及具有特定规律的曲线。它的基本原理是利用变换空间技术，将图像内的直线或曲线特征转换为显著的峰值聚集点，进而实现目标的有效检测。该技术侧重图像的全局特性分析，在目标轮廓的提取与识别领域有着广泛的应用。

（1）基本原理。假设图像空间为 X–Y，变换空间为 P–Q，在图像空间中，已知一条直线的方程表示为

$$y = px + q \tag{4-1}$$

式中，p——斜率；

　　q——截距。

直线方程也可以表示为

$$q = -px + y \tag{4-2}$$

公式（4-2）可视为参数空间 P–Q 中的一条直线，其斜率由 x 确定，截距由 y 确定，且该直线经过点 (p, q)，如图 4-2 所示。

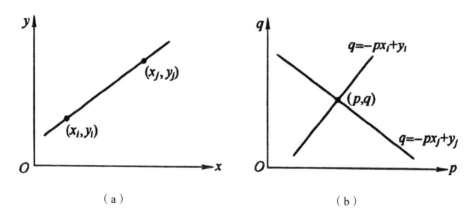

（a）　　　　　　　　　　　　　　（b）

图 4-2　图像空间直线与参数空间点的对偶性

在图像空间中，直线"$y = px + q$"上的任意点(x_i, y_i)在参数空间中满足

$$q = -px_i + y_i \tag{4-3}$$

公式（4-3）表明，在图像空间中，任意一个点(x_i, y_i)都可以映射

为变换空间中的一条直线；反之，在变换空间中，一个特定的点 (p_0, q_0) 对应图像空间中一条斜率为 p_0 和截距为 q_0 的直线" $y = p_0 x + q_0$ "。这种相互映射关系被称为点与直线的对偶性，如图 4-3 所示。

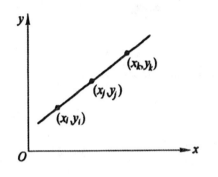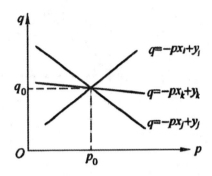

（a）图像空间点 $(x_i,\ y_i)$ 对应图像　　　（b）变换空间点 $(p_0,\ q_0)$ 对应图像

图 4-3　" $y = px + q$ "直线与多个点的对偶性

基于点与直线的对偶关系，当给定图像空间中的多个点时，可以借助霍夫变换识别并拟合贯穿这些点的直线。其主要目的是将图像空间中共线点的检测问题转换为参数空间中多条直线交会点的搜索，高效地完成直线的识别与提取。

（2）极坐标形式。在实际应用中，当公式（4-2）所表示的直线趋近于垂直时，其斜率会接近无穷大，这会使参数空间中的 p 和 q 取值过大或无法定义。因此，通常采用极坐标方程进行霍夫变换，即利用直线 L 的法向参数来描述直线，从而避免斜率无法表示的问题，如图 4-4 所示。

$$\rho = x\cos\theta + y\sin\theta = \sqrt{x^2 + y^2}\sin\left(\theta + \arctan\frac{x}{y}\right) \tag{4-4}$$

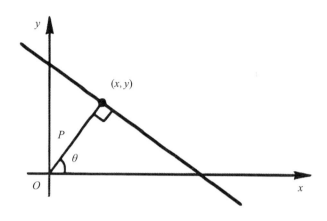

图 4-4　直线的极坐标形式

在公式（4-4）中，参数 p 代表直线 L 到直角坐标系原点的最短距离，而该垂直线与 x 轴正向形成的夹角 θ 用来描述直线的空间方位。

在公式（4-4）所定义的转换规则下，图像空间 X-Y 内的直线被映射到极坐标空间 O-$\rho\theta$ 的某个特定点，而图像中的每个像素点对应极坐标空间 O-$\rho\theta$ 中的一条正弦曲线。通过这种映射方式，霍夫变换原本在图像域中基于点和直线的匹配关系，被重新表述为在参数空间中寻找多条正弦曲线交会点的过程。简而言之，该方法将直线检测转变为在极坐标参数空间中解析曲线交点。

在实际应用中，为了满足精度要求，参数空间 O-$\rho\theta$ 通常被划分为离散的网格结构，进而形成一个累加器矩阵，如图 4-5 所示。其中，每个网格单元对应一个累加器，它们的初始值都被设置为零；参数空间的范围会根据预期的斜率 $[p_{\min}, p_{\max}]$ 进行合理设定，进而适应具体应用场景。依据公式（4-4），将图像空间 X-Y 中的每个像素点 (x, y) 映射到参数空间的累加器矩阵中。具体来讲，每个图像点在参数平面上能够对应一条正弦曲线，该曲线所经过的网格单元会使对应的累加阈值增加 1。当多条正弦曲线在某个单元格内重叠时，该累加器的计数值显著地提升，这表明这些像素点在图像空间内具有共线性，进而有效地实现直线检测。

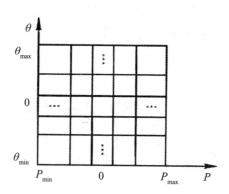

图 4-5　网格阵列

从上述过程可以看出，参数空间的网格划分精度对直线检测的效果至关重要。当网格单元被划分得过细时，虽然能够提高检测的精度，更精确地获取图像中的直线参数，但是会显著地增加计算量，并可能导致同一条直线上的像素点分散，削弱累加器的聚合效果。如果网格单元过大，则参数空间的分辨率下降，直线的关键参数 p 和 θ 可能无法被准确提取，影响检测的可靠性。因此，合理选择网格单元的大小，同时兼顾计算效率和检测精度，这是参数空间划分中的关键考量。另外，霍夫变换的这一原理除了适用于直线检测外，还可以对圆形或椭圆形等曲线结构进行识别。

4.4.2　基于阈值的图像分割

基于阈值的图像分割是一种基础的图像分割方法，这种分割方法很常用且简单。它是基于图像中目标与背景在灰度级别上的显著差异进行操作的。通过设定一个灰度阈值，将图像分割为两个区域：一个代表目标的区域，另一个代表背景的区域。从原理上看，阈值分割相对直观和简便，但对复杂图像场景进行目标提取时，阈值的精准选择变得十分关键。阈值设定过高可能会使目标区域被错误地归类，阈值设定过低可能会导致背景被错误地识别为目标。

1）阈值化分割方法

对于图像$f(x, y)$，经过阈值T处理后的分割结果可表示为

$$g(x, y) = \begin{cases} 1 & f(x, y) \geqslant T \\ 0 \end{cases} \text{或} g(x, y) = \begin{cases} 1 & f(x, y) \leqslant T \\ 0 \end{cases} \quad (4\text{-}5)$$

如果将某个灰度范围设定为$[T_1, T_2]$门限，则可以表达为

$$g(x, y) = \begin{cases} 1 & T_1 \leqslant f(x, y) \leqslant T_2 \\ 0 \end{cases} \text{或} g(x, y) = \begin{cases} 1 & f(x, y) \leqslant T_1 \text{ 或} f(x, y) \geqslant T_2 \\ 0 \end{cases} \quad (4\text{-}6)$$

2）半阈值化分割方法

图像阈值经过分割后，会生成二值图像或多值图像，此时可以采用一种实用的半阈值化分割方法。该方法的基本原理：灰度值大于阈值的像素保持原样，将灰度值低于阈值的像素转为黑色；保留低于阈值的像素灰度值，将高于阈值的像素设为白色。通过这种方式得到的图像可以定义为

$$g(x, y) = \begin{cases} f(x, y) & f(x, y) \geqslant T \\ 0 \text{或} 1 \end{cases} \text{或} g(x, y) = \begin{cases} f(x, y) & f(x, y) \leqslant T \\ 0 \text{或} 1 \end{cases} \quad (4\text{-}7)$$

3）基于直方图的阈值化分割方法

灰度直方图展示了灰度值i与对应像素数量n_i之间的关系，反映了图像灰度分布的统计特性。当图像中存在一个较亮的物体且背景较暗时，灰度直方图会呈现出双峰分布状态。

这种类型的直方图表明背景和物体分布在不同的灰度范围内，因此

可以选择两峰之间最低谷的灰度值作为阈值 T。下面将讨论两种确定双峰直方图阈值 T 的方法。

（1）曲线拟合法。使用二次曲线来拟合直方图中的谷底区域，然后计算其极小值，并将该极小值作为阈值。假设该曲线的方程为

$$y = ax^2 + bx + c \qquad (4-8)$$

式中，a、b、c——拟合系数。

对式（4-8）求极小值得

$$T = -\frac{b}{2a} \qquad (4-9)$$

（2）曲线建模法。通过拟合直方图中的两个高峰，使用两条二次曲线进行建模。首先，计算这两条曲线的交点，该交点代表直方图的谷底位置；其次，选取该交点对应的灰度值作为阈值，如图 4-6 所示。

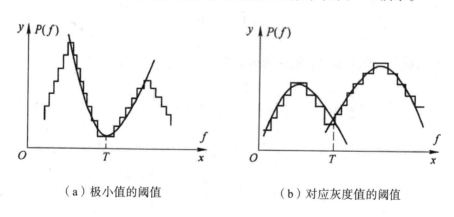

（a）极小值的阈值　　　　　　　　（b）对应灰度值的阈值

图 4-6　用二次曲线拟合双峰直方图的谷底示例

4）基于最小误差法的阈值化分割方法

假设图像由前景物体和背景两部分组成，其中物体像素占总像素的比例为 θ，背景像素的占比为 $1/\theta$。假设物体像素的灰度级分布近似服从

正态分布，其概率密度函数为 $p(z)$，均值为 μ_1，方差为 σ_1^2。同样地，背景像素的灰度级分布也近似服从正态分布，其概率密度函数为 $q(z)$，均值为 μ_2，方差为 σ_2^2。在此基础上，该图像整体的灰度级概率密度可以表示为物体和背景的加权组合，即"$\theta p(z) + (1-\theta)q(z)$"。

设定一个阈值 t，并假设图像中较暗的区域代表物体，较亮的区域代表背景。基于这一标准，所有灰度值小于 t 的像素被归类为目标点（即物体像素），而灰度值大于或等于 t 的像素被划分为背景点。在此分类过程中，可能会出现误分类的情况。若将背景点误判为目标点，其概率可定义为 $E_1(t)$（即误识背景为物体的概率）；若目标点被错误地归类为背景点，其概率可定义为 $E_2(t)$（即误识物体为背景的概率）。因此，背景点被误分类为目标点的条件概率可表示为

$$E_1(t) = \int_{-\infty}^{t} p(z)\mathrm{d}z \qquad (4-10)$$

目标点被误分类为背景点的概率为

$$E_2(t) = \int_{t}^{\infty} q(z)\mathrm{d}z = \int_{-\infty}^{\infty} q(z)\mathrm{d}z - \int_{-\infty}^{t} q(z)\mathrm{d}z = 1 - \int_{-\infty}^{t} q(z)\mathrm{d}z \qquad (4-11)$$

选取图像点被误分类的总概率为

$$E(t) = \theta E_2(t) + (1-\theta)E_1(t) = \theta\left[1 - \int_{-\infty}^{t} q(z)\mathrm{d}z\right] + (1-\theta)E_1(t) \qquad (4-12)$$

为了找到使总误分类概率最小的阈值 t，需要对公式（4-12）进行微分计算，并令其导数等于 0，以求得最优解，即

$$-\theta p(t) + (1-\theta)\frac{\partial E_1(t)}{\partial t} = 0 \qquad (4-13)$$

$$\frac{\partial E_1(t)}{\partial t} = q(t) \tag{4-14}$$

$$\theta p(t) = (1 - \theta)q(t) \tag{4-15}$$

假定物体与背景像素的灰度级分布近似遵循正态分布规律，则

$$p(t) = \frac{1}{\sqrt{2\pi}\sigma_1}\exp\left[-\frac{(t-\mu_1)^2}{2\sigma_1^2}\right], q(t) = \frac{1}{\sqrt{2\pi}\sigma_2}\exp\left[-\frac{(t-\mu_2)^2}{2\sigma_2^2}\right] \tag{4-16}$$

将式（4-16）代入（4-15），可得

$$\frac{\theta}{\sqrt{2\pi}\sigma_1}\exp\left[-\frac{(t-\mu_1)^2}{2\sigma_1^2}\right] = \frac{1-\theta}{\sqrt{2\pi}\sigma_2}\exp\left[-\frac{(t-\mu_2)^2}{2\sigma_2^2}\right] \tag{4-17}$$

两边同时取对数，可得

$$\ln\theta - \ln\sqrt{2\pi} - \ln\sigma_1 - \frac{(t-\mu_1)^2}{2\sigma_1^2} = \ln(1-\theta) - \ln\sqrt{2\pi} - \ln\sigma_2 - \frac{(t-\mu_2)^2}{2\sigma_2^2}$$

$$\tag{4-18}$$

整理可得

$$\ln\theta - \ln(1-\theta) - \ln\sigma_1 + \ln\sigma_2 = \frac{(t-\mu_1)^2}{2\sigma_1^2} - \frac{(t-\mu_2)^2}{2\sigma_2^2} \tag{4-19}$$

即

$$2\sigma_1^2\sigma_2^2\ln\frac{\theta\sigma_2}{(1-\theta)\sigma_1} = \sigma_2^2(t-\mu_1)^2 - \sigma_1^2(t-\mu_2)^2 \tag{4-20}$$

此时，当 μ_1、μ_2、σ_1、σ_2、θ 已知时，可从式 (4-20) 求出 $T=t$。

当 $\theta = \dfrac{1}{2}$、$\sigma_1 = \sigma_2$ 时，最佳阈值为

$$T = \frac{\mu_1 + \mu_2}{2} \tag{4-21}$$

当 θ 为任意值、$\sigma_1 \neq \sigma_2$ 时，最佳阈值为

$$T = \frac{\mu_1 + \mu_2}{2} + \frac{\sigma_1^2}{\mu_2 - \mu_1} \ln \frac{\theta}{1 - \theta} \tag{4-22}$$

5）基于最大商的阈值化分割方法

最大熵原则依赖系统内部的均衡特性，在阈值分类问题中，其目标是确定一个最佳阈值，使变化区域与非变化区域的灰度分布尽可能地保持一致，从而实现良好的分类效果。

在相关文献中，关于最大熵原则的定义存在多种不同的阐述。其中一种具有代表性的最大熵方法是，通过灰度阈值将图像划分为两个独立的类别区域。

假设 p_0、$p_1 \cdots p_{L-1}$ 表示图像灰度级的概率分布，当阈值设定在某个灰度级 τ 时，图像将被分割成两个不同的概率分布。一个分布对应灰度级范围为 0—$\tau-1$，另一个分布对应灰度级 τ 范围为—$L-1$，表达式为

$$A: \frac{p_0}{p_{\tau-1}}, \frac{p_1}{p_{\tau-1}}, \cdots, \frac{p_{\tau-1}}{p_{\tau-1}}; B: \frac{p_\tau}{1-p_{\tau-1}}, \frac{p_{\tau+1}}{1-p_{\tau-1}}, \cdots, \frac{p_{L-1}}{1-p_{\tau-1}} \tag{4-23}$$

$$p_\tau = \sum_{i=0}^{\tau-1} p_i \tag{4-24}$$

每一个分布相关的熵为

$$\begin{cases} H(\omega_u) = -\sum_{i=0}^{\tau-1} \frac{p_i}{p_{\tau-1}} \log_2 \frac{p_i}{p_{\tau-1}} \\ H(\omega_c) = -\sum_{i=\tau}^{L-1} \frac{p_i}{1-p_{\tau-1}} \log_2 \frac{p_i}{1-p_{\tau-1}} \end{cases} \tag{4-25}$$

$$H(\tau) = H(\omega_u) + H(\omega_c) \qquad (4-26)$$

阈值 τ^* 设置为

$$\tau^* = \arg\{\max_\tau [H(\tau)]\} \qquad (4-27)$$

4.4.3　基于跟踪的图像分割

基于跟踪的图像分割法首先对图像中的像素点进行快速计算，进而初步筛选出可能属于目标物体的关键点，然后在这些已检测点的基础上，利用跟踪算法进一步提取物体的边缘轮廓。该方法的计算过程不涉及所有的像素点，仅针对已识别的目标点及边界扩展区域，这在一定程度上提高了运算效率并减轻了计算负担。[①]

1）轮廓跟踪法

假设图像是由黑色目标物体和白色背景构成的二值图像，轮廓跟踪的核心任务是识别并提取目标物体的边界信息，进而精确地描绘其形状特征，如图 4-7 所示。

---

① 钟跃崎．人工智能技术原理与应用［M］．上海：东华大学出版社，2020：209．

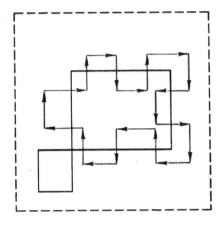

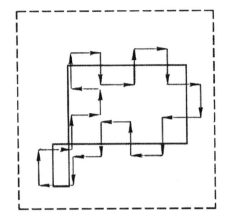

（a）轮廓跟踪过程　　　　　　　　　（b）利用不同起点跟踪小凸部分

图 4-7　轮廓跟踪法

　　轮廓跟踪法包括以下几个步骤：①在接近目标边缘的位置选取一个初始点，并遵循逐步推进的原则，每次移动一个像素单位。②当像素单位从白色区域跨入黑色区域时，随后的每次前进都向左移动，直至离开黑色区域。③当像素单位从褐色区域跨入白色区域时，随后的每次前进都向右移动，直至离开白色区域。④持续进行上述步骤，直至像素单位沿着目标物体绕行一周并返回初始位置，所形成的闭合路径即为该物体的边缘轮廓。

　　需要注意的是，在跟踪过程中，图像中的细微凸起部位〔图 4-7（a）左下角的小区域〕可能被绕开，从而导致漏检。为了避免这种情况，可以在图像中选取多个不同的起始点并重复进行跟踪，然后比对多次得到的轮廓轨迹，最终将相同或重合的部分视为目标物体的完整轮廓。轮廓跟踪过程就像一只小虫沿着边界移动，因此该方法被称为"爬虫法"。当爬虫在某个局部区域反复绕行，无法回到初始位置时，就会陷入"路径循环"的困境，即掉入"陷阱"。为了防止这种情况，可赋予爬虫一定的记忆能力，使其检测到重复经过的路径时主动回退，重新设定起始点或调整跟踪方向，以继续完成轮廓提取。

2）光栅跟踪法

在灰度图像中，对于较细且斜率不超过 90°的曲线，可以采用类似电视光栅扫描的方式进行检测，即逐行跟踪的方法，这种技术被称为光栅跟踪式图像分割法。这个方法大概可以总结为 3 个步骤：第一，依据特定检测准则筛选出符合条件的目标点；第二，基于跟踪算法，利用已识别的目标点进一步确定新的目标点；第三，将所有被标记为 1 且相互邻接的像素点连接起来，从而完整地提取细曲线的形态。

例如，图 4-8 是一幅含有 3 条曲线的图像。光栅跟踪具体流程包括以下几个方面。

（1）设定一个较高的阈值 d，并将所有灰度值超过该阈值的像素视为目标点，该阈值被称为检测阈值。在本示例中，选择 $d=7$ 作为检测标准。

（2）利用检测阈值 d 对图像的首行像素进行筛选，将所有灰度值大于 d 的像素标记为目标点，并将这些点作为后续跟踪的起始位置。

（3）设定一个较低的阈值 t 作为跟踪阈值，该阈值的选择可依据灰度差异、对比度、梯度变化、颜色特征等不同准则。在本示例中，采用相邻目标点之间允许的最大灰度差作为准则，并将跟踪阈值设定为 4。

（4）在本示例中，选定目标点 (i, j) 所在行的下一行中 $(i+1, j-1)$、$(i+1, j)$、$(i+1, j+1)$ 的特定像素作为邻域点，以进行后续跟踪与识别。

（5）对下一行的像素进行检测，凡是与上一行已识别目标点相邻且灰度差在跟踪阈值以内的像素，将被判定为目标点。

（6）在下一行像素中，针对当前行已识别出的某个对象点，没有一个邻域像素将其接收为对象点时，该曲线的追踪可随即终止。若两个或更多邻域同时接受对象点，则表明曲线出现了分叉，此时追踪活动会分别针对每个分支展开。当多条分支曲线汇聚成单条曲线时，追踪活动将聚焦这条合并后的曲线。

（7）对于尚未被标记为目标点的像素行，再次应用检测阈值进行筛选，并将新识别出的目标点作为起始位置，采用相同的跟踪方法，进一步识别那些未从第一行开始的曲线结构。

图 4-8 展示了光栅跟踪的检测过程，而图 4-9 显示了最终的检测结果，从中可以明显地看出，该方法能够有效地提取曲线，检测精度较高。

9		5		8		4	5		3
	5				6		4	2	
		9		1	5			5	
6			5			7		2	
	3		6			9			7
4		6			5		3		5
		5			6			6	
6	4				7			4	2

图 4-8　光栅跟踪过程

1		1		1					
	1				1				
		1			1				
			1			1			
			1			1			1
		1			1				1
		1			1			1	
	1				1			1	

图 4-9　光栅跟踪结果

需要注意的是，光栅跟踪法的检测效果在很大程度上取决于检测阈值、跟踪阈值及跟踪的方向设置，这些因素共同影响曲线提取的准确性和完整性。

光栅跟踪法存在两个显著的缺陷。第一，它对扫描方向高度敏感，检测结果在很大程度上依赖光栅的扫描方向。例如，对图片进行自上而下扫描时，一条灰度值由高到低变化的垂直直线可以被正确地识别，而反向扫描（自下而上）可能导致检测失败。第二，该方法容易导致像素点或线条丢失，特别是在目标曲线存在小间隙的情况下，无法准确地连接整体轮廓，从而影响检测的完整性。

3）全向跟踪法

在扫描过程中，如果跟踪方向不局限于单一的自上而下或自左而右的方式，而是允许跟踪在一定的范围内进行延展，则可在一定程度上突破传统光栅跟踪的局限性。这一策略构成了全向跟踪法的核心思想，从本质上讲，全向跟踪是在光栅跟踪的基础上进行的，它主要通过调整邻域点的定义、优化跟踪准则，实现更灵活的目标识别。全向跟踪法的具体执行步骤包括以下几个方面。

（1）采用光栅扫描方式对图像逐行检测，并通过设定检测阈值，识别出一个目标像素，并将其作为跟踪的起始点。该起始点在后续跟踪过程中沿着待检测曲线移动，因此它被称为"流动点"。

（2）确定一个适用于全向跟踪的邻域范围，如 8 邻域，并设定合理的跟踪条件（如灰度阈值、对比度变化、流动点之间的相对距离等），从而有效地实现对流动点的连续跟踪。在跟踪过程中遇到曲线的分支点或交叉点时，优先选择与当前流动点特征最接近的点作为新的流动点，并继续沿该方向跟踪。同时，暂存其他未选中的分支点或交叉点，以便后续跟踪处理。若在跟踪过程中再次遇到新的分支点或交叉点时，重复相同的选择与存储策略。最终，所有符合跟踪准则的未检测点都已处理完毕，这意味着该分支曲线的跟踪任务完成。一条分支曲线的跟踪任务结束后，回溯至最近的分支点，并从剩余的分支像素中选择与该点特性最接近的点作为新的流动点，随后重复之前的跟踪过程，直至所有分支曲线完成检测。所有分支点的待跟踪像素都被处理完毕后，重新回到初始步骤，对图像继续扫描，寻找新的流动点，启动新的跟踪过程。

第 5 章　遥感图像信息提取

5.1 植被覆盖度遥感监测

植被覆盖度作为衡量地表生态健康的关键指标，在遥感科学领域内受到高度重视。该指标通过计算特定地域内植被垂直投影面积占地面总面积的比例，直观地展现了植被覆盖的实际情况。尤其是在水库流域的植被状况研究中，其重要性更为突出。鉴于我国水资源的情况，植被覆盖度可能会影响水利工程的效能，导致河道淤积，并加快土壤肥力丧失，降低土地生产力，加剧自然灾害。植被在防治水土流失方面扮演着重要的角色，其枯枝败叶能够有效地减缓地表水流速度，其根系系统能够强化土壤的结构稳定性。因此，水库流域植被覆盖度的动态变化，在维护水土平衡、降低洪水峰值、控制泥沙流失、科学评估流域生态系统状态、优化水库管理策略等方面，展现出不可忽视的实践价值。

在植被覆盖度的传统测量中，常用的方法包括样点法、样带法、样方法、目估法、照相法等，这些方法适用于小尺度区域。区域尺度的植被覆盖研究涉及多重复杂因素与模型构建，数据需求量大。若继续沿用传统手段进行数据收集与处理，将难以迅速且准确地揭示植被覆盖的真实面貌。[①]鉴于此，针对大范围复杂生态系统的植被覆盖，需要开发更为高效且精确的数据采集与分析方法。

遥感测量凭借覆盖范围广、数据采集速度快、光谱波段丰富、时间序列多样、成本低等优势，成为图像信息获取的重要方法。遥感技术具备强大的动态监测能力和信息承载能力，在植被变化监测方面表现出良

---

① 朱蕾. 土地利用/覆被变化及对生态安全的影响研究[M]. 上海：上海财经大学出版社，2022：150.

好的应用效果。然而，遥感传感器的成像是基于像元单位进行的，每个像元接收到的地表反射光谱信号并非单一地物，而是多种地表覆盖类型的混合，这种现象被称为"混合像元"，即地物光谱特征的综合反映。然而，在遥感影像的分类与统计处理中，许多求解算法忽略了混合像元的影响，仅依赖像元间的光谱差异和统计特征进行分类，这可能会影响分类精度和最终的植被覆盖度估算结果。

混合像元分解技术在遥感监测领域内具有关键作用，它深入考虑了像元内部不同地表覆盖类型的混合现象。该技术对各端元的丰度进行了精确的计算（即不同地表覆盖类型在像元中所占的比例），并生成直观的丰度图像，展示各端元的空间分布特征。在水库流域的植被变化遥感监测中，混合像元分解模型的应用能够显著地提升数据采集和处理的精确度，同时确保信息的时效性。遥感监测技术为流域生态监测、植被动态评估、水库管理、水文预测、调度策略优化等多个方面提供了强大的技术支撑。在植被覆盖度监测方面，混合像元分解方法通过解析遥感影像，将像元内部的地物细化为不同的端元，并计算出各端元的丰度值，进而将分析精度提升至子像素级别。在线性混合模型的基础上，植被覆盖度反演研究取得了显著进展，并因其效率高、方法简便而备受欢迎。随着监测精度要求的不断提高，线性模型在某些复杂场景下不能准确地反映流域内植被覆盖的真实情况。因此，基于非线性混合像元分解模型的植被覆盖度计算方法的研究，不仅具有重要的学术价值，还能进一步提升遥感技术在植被覆盖度监测中的准确性并扩大其应用范围。

5.1.1　植被覆盖度等级划分

植被覆盖度的分级标准应依据研究区域的植被特征，充分考虑遥感影像的可解译能力，以及其在土地沙漠化程度和水土流失强度划分中的适用性。为了确保分类的合理性和科学性，植被覆盖度通常被划分为 5

个等级。

1级（极低覆盖度）：植被覆盖度低于10%，主要对应强度沙漠化土地、裸岩和裸土，属于极低的覆盖度。在遥感影像上，冰雪覆盖区呈蓝色，沙漠区呈白色，土石山区呈褐红色，分布为条带状。

2级（低覆盖度）：植被覆盖度在10%～30%，包括中度沙漠化土地、低产草地和疏林地。在遥感影像上，沙漠区呈灰白色，土石山区呈褐红色，通常分布为不规则片状或条带状，影纹较清晰。

3级（中等覆盖度）：植被覆盖度介于30%～50%，对应强度侵蚀区、轻度沙漠化土地、中产草地。在遥感影像中表现为淡绿色、浅红色，并呈斑点状分布，影纹较明显。

4级（中高覆盖度）：植被覆盖度达50%～70%，涵盖中高产草地和林地，植被状况良好。在遥感影像上呈绿色或浅绿色，通常分布为片状或块状。

5级（高覆盖度）：植被覆盖度超过70%，主要包括高产草地，植被质量优良。在遥感影像上呈现深绿色，分布呈片状或块状，影纹较模糊。

5.1.2　植被覆盖度传统估算方法

传统的植被覆盖度测量主要依赖人工地面调查，常见方法包括目估法、采样法、仪器法、照相法等。这些方法虽然能提供直接的数据支持，但是在很多情况下会受到时间、人力和地形条件的限制。

1）目估法

目估法是一种基础的方法，它主要依赖观察者的经验，通过肉眼对植被覆盖情况进行估算。这个方法可以被进一步分为传统目测法、相片目测法、椭圆目测法、网格目测法等不同类型。这种方法高度依赖测量者的主观判断，因此不能保证测量的精确度，会产生较大的误差，适用范围有限。研究表明，该方法的最大绝对误差可达 40%，因此这种方法通常适用于经验丰富的调查人员。

2）仪器法

植被覆盖度测量常用的仪器主要包括空间定量计和移动光量计，这两种仪器能够对传感器监测光线穿透植被层的情况进行了解，进而推算出植被覆盖度。另外，激光雷达也是植被覆盖度测量的重要工具，激光束能够穿透林冠层，可用来获取从树冠顶部到地表之间的详细三维结构信息。与传统的人工测量方法相比，仪器测量法具有更高的效率和精度，能够快速地获取植被覆盖度数据。然而，这种方法的应用成本较高，并且这种方法在野外环境下操作不便，从而限制其大规模应用。

3）照相法

在地面测量方法中，照相法凭借其高度的客观性和精准度得到了广泛应用，并显著地降低了测量的工作量，展现出较强的实用性。该方法对植被覆盖区域进行垂直拍摄，并结合数字图像处理技术，对植被的覆盖情况进行精确计算。具体而言，系统会分析图像中植被像素占总像素的比例，进而评估该区域的植被覆盖度。由于采用中心投影技术，图像边缘容易出现明显的畸变。鉴于此，研究人员提出了一种基于控制点的几何校正方法，这种方法能够有效地减少图像变形，提高测量精度，使其更加可靠。

综上所述，传统地面测量方法在评估植被覆盖度方面既具有优势也存在局限性。在特定测量范围或特定植被类型下，该方法能够有效地排除土壤反射率等干扰因素，进而提高测量的客观性和准确性。然而，这种方法在空间范围上受到了一定的限制，在测量过程中耗时费力，并且对测量人员的经验依赖较强。另外，传统地面测量难以获取大面积、连续性的植被覆盖数据，在一定程度上限制了其在大尺度生态监测中的应用。近年来，随着遥感技术的快速发展，基于遥感技术的测量手段逐渐取代传统方法，成为植被覆盖度监测的主要手段。

5.1.3　植被覆盖度遥感估算方法

传统的植被覆盖度估算方法具有较强的主观性、操作稳定性差，并在测量过程中耗时费力，因此传统的植被覆盖度估算方法的应用逐渐减少，遥感测量成为主要的替代手段。在遥感技术的支持下，植被覆盖度的计算方法被不断地优化，其中植被指数法和混合像元分解法因其较高的精度得到了广泛应用。

1）植被指数法

植被指数法是一种经济且广泛使用的技术，这种技术主要用来从遥感图像中提取大范围的植被信息。该方法通过构建植被指数与植被覆盖度之间的回归模型估算植被覆盖度，其中归一化植被指数（normalized difference vegetation index, NDVI）是常用的指标。一般情况下，基于陆地卫星的图像分析主要采用像元二分法，从植被指数和植被覆盖度两个角度对其进行分析，通过像元二分法研究特定区域内植被覆盖度在时间和空间上的变化，并分析这些变化与自然环境、人为因素的关系，为生态保护和经济发展提供科学依据。[1]

另外，在监督分类的基础上，可以利用误差矩阵对分类后的图像进行精度评估，并通过 NDVI 差分法和第三波段差分法分析卫星数据，这能够有效地反映陡坡林区混合结构的变化。同时，可以对研究区主要物种的季节性生产力进行测定，包括地上生物量、密度、覆盖率、叶绿素和胡萝卜素的含量等。通过计算时序卫星图像中的 NDVI，揭示植被覆盖度与潜在生产力之间的关系，并发现时间序列的 NDVI 与植被的季节

---

① 余凡，翟亮，张承明 . 主被动遥感协同反演地表土壤水分方法 [M]. 北京：测绘出版社，2016：104.

性绿色、覆盖度、土壤湿度及可变氮量的关联性，这些研究为植被动态监测和生态环境管理提供了重要的科学支持。

国内学者基于不同时间序列的遥感影像，对多个区域的植被覆盖度进行了分析，探讨了自然环境和人为因素对植被变化的影响。在对稀土矿区进行研究时，能够通过森林郁闭度模型、二像素模型及不同端元的光谱混合模型，提取植被覆盖度数据，并分析矿山扰动对景观格局的影响。在水土流失严重地区，研究人员结合雷达数据和像元二分模型，提出了一种基于雷达植被指数的估算方法，利用极化信息和强度信息构建不同的指数，提高了植被覆盖度计算的精度。另外，部分研究人员采用置信度分析和空间插值技术，对像元二分模型中的关键参数进行优化，这能够提高植被覆盖度估算的可靠性。同时，有些学者利用多时相遥感影像，并结合调查数据，对不同植被覆盖度提取方法的适用性进行对比分析。研究者基于时间序列遥感数据，运用线性回归分析法、像元二分模型及稳定性分析法，评估区域植被覆盖度的时空变化趋势，并探讨其影响因素。有些研究者利用增强植被指数数据，并通过线性回归分析揭示植被覆盖度的变化，同时借助重心模型分析植被、气温和降水的空间演变特征。

针对特殊地理区域的研究，学者通过遥感数据反演植被覆盖度，分析其时空变化规律，并结合相关分析法探讨地形、气候等因素对植被覆盖的影响。在天然林保护区的研究中，通过归一化植被指数评估森林资源的保护效果，结果表明相关政策对植被恢复具有积极作用。在城市植被研究方面，通过遥感数据计算植被覆盖度，并结合地形因素分析城市绿化状况，探索人类活动与自然变化之间的关系，为生态保护和城市发展提供依据。同时，结合遥感数据的多个植被指数，与实测数据进行线性拟合分析，实现植被覆盖度的反演。在湿地生态研究中，研究者利用多时相遥感影像计算 NDVI，并基于像元二分模型估算植被覆盖度，通过转移矩阵分析不同时间段内植被等级的变化及驱动力。在城市生态监测中，研究人员通过遥感影像提取植被指数，并结合像元二分模型分析区域植被覆盖变化趋势，评估生态建设对城市绿化的影响。研究者发现政策实施后，区域植被覆盖度得到了显著提高，植被恢复速度远超政策实施之前，年净增植被面积占比明显上升，生态状况得到了明显的改善。

2）混合像元分解法

在遥感影像分析中，像元可以分为纯净像元和混合像元。纯净像元仅包含单一地物的信息，而混合像元因多个地物的光谱特征共存，其光谱信号成为不同地物光谱的综合反映。这是因为遥感传感器在成像时以像元为基本单位，而单个像元通常涵盖多个地物类型的反射信息。

每种地物都具有独特的光谱特征，这些特征明显不同的地物被称为端元。像元的光谱信息实际上是多种端元光谱的混合结果，因此需要通过光谱混合模型进行解析，进而准确地提取各地物的成分。光谱混合模型是解决混合像元问题的关键方法，其中包括线性模型、非线性模型、模糊模型、几何光学模型、随机几何模型等。线性模型因计算简便、适用性强而被广泛应用，非线性模型适用于地物间具有复杂交互作用的情况，它为混合像元的精确解析提供了重要手段。

（1）线性混合像元分解。线性混合像元分解是一种基于线性假设的遥感影像分析方法，假定像元的光谱信息是其内部各地物端元光谱的加权线性组合，不考虑地物之间的复杂交互作用。由于其数学模型相对简单，计算方式直接，且适用于大范围地表信息的提取，线性混合像元分解在遥感研究中得到了广泛应用。

由于计算机算力和算法的限制，混合像元分解的应用相对有限，计算方法较为单一。然而，随着计算机处理能力的提升和并行计算技术的普及，遥感技术的存储能力、传输能力和计算效率大幅度提高，这使混合像元分解方法的研究进入了新的发展阶段。近年来，该方法被广泛应用于不同地理区域和植被类型的遥感监测。例如，它可用来分析草地、森林、农田、矿区等生态环境的变化趋势。

一般情况下，线性混合像元分解应用于以下几个方面。①植被类型提取。研究人员利用线性混合像元分解法对草地、灌木、森林等不同植被进行分类，并通过误差分析验证其提取精度。例如，通过分解不同植被类型的光谱反射率，实现对特定地物覆盖情况的准确评估。②植被覆盖度估算。通过构建决策树模型，结合最小二乘法优化计算，实现大尺度竹林、农田、林地等植被覆盖度的高效估算。③地物丰度提取。采用全约束最小二乘法，优化端元提取，这提高了典型地物丰度信息的提取精度，避免了负值问题的出现。④生态环境分析。将线性混合模型与数学形态学结合，这提高了端元提取的精度，使得光合植被、非光合植被等不同植被状态的估算结果更加精确。⑤农作物监测。基于 NDVI 的线性混合像元分解方法，被用来估算小麦播种面积，该方法能够有效地测算区域农作物种植面积，具有较强的应用价值。

（2）非线性混合像元分解。随着遥感影像分析精度要求的提高，研究人员逐渐从线性混合像元分解转向更为复杂的非线性混合像元分解。非线性光谱混合模型能准确地描述地物之间的光谱相互作用，避免线性模型可能出现的低估问题，使植被覆盖度的估算更加精准。

非线性混合像元分解能够考虑地物之间的相互作用，如光散射、重叠和阴影效应，使得像元光谱信息的分解更加符合实际地物分布情况。不同类型的非线性模型，如双线性混合模型、广义双线性混合模型、支持向量机回归模型等，均能在不同程度上提高植被覆盖度的估算精度，并增强模型的稳定性和泛化性。

非线性混合像元分解应用于以下几个方面。①植被覆盖度估算。使用非线性模型优化光谱混合分解，提高植被丰度信息的提取精度。例如，基于广义双线性混合模型，研究人员可以结合端元光谱和植被指数，建立水稻抽穗期的产量估算模型，并通过近红外波段优化植被指数，提高模型的可靠性。②光谱分解与端元优化。结合双种群进化算法，实现端元与丰度信息的同步优化，进而提高光谱分解的计算效率和准确性。与传统线性方法相比，这种方法能够减弱共线性效应，提高参数求解的稳定性。③遥感分类精度提升。采用支持向量机回归模型对二端元进行光谱解混，该方法能够在端元丰度值求解方面表现得更加稳定，它适用于不同地物类型的分解。④地物光谱重建。通过像元二分法、随机森林等方法，减弱植被对地物光谱的干扰，实现对裸岩、土壤等非植被地物的光谱重建，提高遥感影像的分类精度。

5.2　水域面积及水量的遥感计算

5.2.1　遥感技术在水域面积及水量计算中的应用价值

与传统的水文观测方法相比，遥感技术能够在大范围、长时间尺度上获取水体变化信息，进而提高水资源监测的效率和准确性。

1）水域面积监测

遥感影像可以用来快速识别水体边界，通过光学遥感、雷达遥感及多时相数据的结合，动态监测湖泊、河流、水库的面积变化，帮助管理部门及时地掌握水资源状况。例如，基于归一化水体指数或增强型归一化水体指数的提取方法，可有效地分离水体与陆地，提高水体边界识别的精度。

2）水量估算

遥感技术与数字高程模型的结合，可估算不同水位下的水量，并基于水文模型对水文过程进行模拟。例如，基于雷达测高数据，可以直接测量水体高度，并结合水域面积计算库容。此外，遥感数据还可用来监测降水、蒸发、入流、出流等关键水文变量，提升水资源管理能力。

3）气候变化监测

遥感技术有助于研究气候变化对水资源的影响，特别是在干旱、洪水、冰川消融等方面。例如，长期遥感数据可以揭示湖泊水位下降、湿地退化等变化趋势，为水资源管理和生态保护提供科学依据。

5.2.2　水域面积及水量的遥感计算方法

遥感技术在水域面积及水量估算中发挥了重要作用，特别是在大面积水域和难以进入的区域，这种技术提供了一种经济、高效、连续的监测手段。目前，遥感计算方法包括光学遥感法、雷达测高法和数据融合法，它们适用于不同类型的水体环境。

1）光学遥感法

光学遥感法通过分析水体的光谱反射率推算水深，适用于透明度较高的水域，如浅水湖泊、珊瑚礁区等。

（1）单波段水深反演。利用水体对可见光和短波红外波段的吸收特性，通过单一波段的反射率计算水深。例如，蓝光（450 ～ 495 nm）穿透能力较强，适用于浅水区水深估算。

（2）双波段比值。基于水下光衰减原理，不同波段的衰减率不同，常见公式为

$$D = a \times \ln\left(\frac{R_{blue}}{R_{green}}\right) + b \qquad (5\text{-}1)$$

式中，D——水体深度；

R_{blue}——蓝光的反射率；

R_{green}——绿光的反射率；

a、b——经验参数。

（3）多光谱水深反演。结合多光谱遥感数据，并通过机器学习、神经网络等方法优化水深估算精度。

2）雷达测高法

雷达测高法通过发射微波脉冲测量水面高程，基于水文模型计算水体深度和水域面积。

（1）合成孔径雷达。合成孔径雷达是一种主动遥感技术，利用微波信号穿透云层、烟雾及部分植被覆盖层，能够在全天候、全时段条件下对水体进行监测，特别适用于浑浊水域和天气条件较复杂的地区。

合成孔径雷达能够摆脱传统光学对天气和光照条件的依赖，适用于泥沙浓度较高的水域，如河流三角洲、洪水泛滥区、内陆湖泊等。基于水面高度数据和水域边界的提取信息，构建水深反演模型。通过干湿地表识别技术，可以间接估算出水体深度的变化趋势。

（2）卫星激光测高。卫星激光测高技术向地表发射激光脉冲，并通过测量返回信号的时间差计算地物高程，这是一种高精度的水体测量手段。具有代表性的卫星有 ICESat-2 与 CryoSat-2。ICESat-2 激光雷达主要用来测量极地冰盖、海平面和内陆水体的高度变化，CryoSat-2 主要用来监测极地冰川高度变化，同时可用来测量湖泊、河流等水面高度。

卫星激光测高主要通过脉冲测量水面高程，并结合数字高程模型数据计算水量与水域面积。在冰雪覆盖区，卫星激光测高可用来测量积雪厚度和冰层变化，进而估算潜在水资源储量。

（3）多波束测深雷达。多波束测深雷达是一种先进的测深技术，这种技术能够对海洋、湖泊及大型水库进行测量，它可以通过发射多角度声波脉冲，测量声波返回的时间和强度，从而精确计算水量和水域面积。与传统的单波束测深技术相比，多波束系统能够覆盖更广泛的地形，能够大幅度提升测深精度。

多波束测深雷达能够通过测量水下声波的传播时间并结合复杂的计算过程，得出准确的水深数据。另外，这个技术还能够与遥感影像结合，进而构建精细的水深预测模型，为海岸线变化研究和海洋水文调查提供有力的支持。多波束测深雷达能够绘制出详尽的海底地形图，为海洋科学研究提供重要依据。在水下工程领域，如海底电缆铺设、航道疏浚等项目中，多波束测深雷达能够确保工程的安全性和准确性。另外，在水库库容计算及水文动态监测方面，该技术也发挥着不可替代的作用，为水资源管理和调度提供了科学依据。

3）数据融合法

为了提高水量与水域面积估算的精度，研究人员逐步采用多源遥感数据融合的方法，结合光学遥感、雷达测高、地面测量等数据，并利用机器学习、深度学习等技术优化水深反演模型。数据融合法的优势是弥补单一遥感技术的局限性，提高水深反演的稳定性、适用性。

（1）机器学习和深度学习。传统的水量与水域面积估算方法依赖经验公式和线性回归模型，难以准确地反映复杂水体环境的变化。近年来，研究人员采用机器学习和深度学习的方法，并通过训练大规模遥感数据集，提高水深估算的鲁棒性和泛化性。常见的机器学习方法包括以下几个方面。①随机森林。基于决策树集成方法，通过训练多个决策树，提升模型对非线性数据的适应能力，适用于多种水体类型的水深估算。②支持向量机。在高维空间中构建最佳超平面，以区分不同水深区域，提高分类和回归的精度，适用于小样本学习。③卷积神经网络。自动提取遥感影像中的水体特征，提高估算精度，尤其适用于深度学习模型的水深反演。

（2）多时相数据分析。水量与水域面积估算不仅需要分析单时相数据，还需要分析水体的长期变化趋势。通过整合不同时间的遥感影像，监测水深的动态变化，提高水文预测能力。常见的多时相分析方法包括以下几个方面。①时序分析。利用历史遥感影像分析水体在不同季节、年份的水深变化，识别周期性趋势，如汛期水位变化和长期水位下降趋势。②水位变化监测。结合遥感影像与地面水文站数据，分析水位和水深之间的关系，建立水文动态模型，提高水深预测能力。③极端气候影响评估。利用遥感数据监测洪水、干旱等极端事件对水深的影响，为水资源管理提供决策依据。

（3）遥感数据与水文模型的结合。基于遥感数据的水量与水域面积估算存在一定的不确定性，因此研究人员需要将遥感数据与水文模型结合，提高水量与水域面积估算的准确性。常见的水文模型包括以下几个方面。① SWAT 模型。用于流域水文过程模拟，基于遥感数据估算不同降水条件下的水深变化。② MIKE 模型。用于流域和城市水文建模，基于遥感数据进行洪水模拟和水资源调度优化。③ HEC-RAS 模型。用于河流水文分析，基于遥感测高数据进行水位和流量模拟，精确地估算水量与水域面积的变化。

将遥感影像、雷达测高和水文模型结合，这样可以建立更精确的水量与水域面积估算体系，提高对水资源的监测能力，为水利工程、生态保护和灾害防控提供科学依据。

第 6 章　遥感图像应用

6.1 遥感图像在农业领域中的应用

6.1.1 遥感图像在农业领域中的应用简述

农业在国民经济体系中占据着重要地位。农作物估产、农业管理、灾害情况等信息的准确获取，对农业决策、规划与管理至关重要。然而，由于我国地域广阔、气候复杂，农业生产具有周期性、地域性等特点，传统地面抽样调查难以满足现代农业信息获取的需求。因此，发展基于遥感技术的农业信息监测手段成为必然趋势。

自 20 世纪 60 年代以来，遥感技术凭借其经济性、动态性和时效性，成为农业监测的重要手段，并在农业生态环境监测、作物长势评估、病虫害预警等方面取得显著成效。特别是在粮食安全领域，农业遥感能够快速、准确地获取作物面积、长势及产量信息，为国家宏观农业政策的制定提供科学依据。

农业遥感图像解译是指利用遥感技术对农业相关图像进行处理和信息提取，并以数据或专题图等方式输出农业生产相关信息，进而辅助农业生产管理与决策。通过遥感影像数据，可对农田、水域、林地、草场、农业设施等资源进行动态监测，开展农作物种类识别、面积调查、长势分析、产量估算等工作。另外，农业遥感还可用于干旱、洪涝等灾害监测，以及农业生态环境和精准农业的管理。农业遥感图像解译主要应用于以下几个方面。

1）农业资源调查及动态监测

及时地掌握农业生产的变化情况，这对农业用地的合理规划、农业结构的优化、农业可持续发展能力的提升具有重要意义。遥感技术能够利用高光谱、多光谱、雷达遥感等在农业资源调查及动态监测方面，提供大范围、动态的数据。

农业管理部门可以通过遥感影像对耕地面积、土地利用类型、土壤质量、水资源分布等进行长期监测，并评估土地利用的合理性。特别是在耕地红线保护、农田生态保护、农业设施规划等方面，遥感技术能够提供直观的空间数据支持。另外，遥感影像可以监测土地利用的动态变化，追踪土地退化、盐碱化、森林砍伐等情况，以便有关部门及时地采取措施，防止土地资源的进一步恶化。

遥感数据可用于水体面积监测、水库蓄水量估算、地下水动态变化分析等，实现农业水资源的优化配置。结合地理信息系统和遥感数据分析，建立农业资源监测平台，实现农业资源的智能化管理，为国家农业规划和政策制定提供科学依据。①

2）农作物长势监测与估产

在农作物的生长过程中，可以利用遥感技术对作物长势进行监测，进而为农业生产提供科学指导，提高粮食生产能力。另外，遥感技术还可以通过多光谱、高光谱成像手段，并结合植被指数、叶面积指数等关键指标，对作物生长状况进行实时评估，判断作物生长的健康程度。

在长势监测方面，遥感影像能够清晰地反映农作物的植被覆盖情况、叶片颜色变化、植被密度等关键信息。结合时间序列数据，追踪农作物的生长动态，识别生长异常区域；通过分析多时相遥感数据，判断作物是否受到水分胁迫、病虫侵害等，及时采取精准农业措施，提高农作物生长质量。在作物估产方面，结合地面观测数据，建立作物生长模型，

---

① 王守国，官少斌. 农业技术推广 [M]. 北京：中国农业大学出版社，2016：167.

基于作物生育期的遥感特征参数，能够对作物产量进行预测。另外，还可以通过遥感影像提取不同生长期的作物信息，结合气象数据和土壤信息，在作物收获前较早地估算出其最终产量，为农业部门提供可靠的决策支持。

3）农作物灾情监测与预报

农业生产受气候和自然灾害的影响较大，干旱、洪涝、台风、霜冻、冰雹等自然灾害往往会造成农作物减产甚至绝收。因此，利用遥感技术对农业灾害进行监测和预报，这有助于降低农业损失、保障粮食安全。

遥感技术可以通过卫星、无人机等平台快速地获取大范围的农业灾情数据。例如，通过光学遥感和热红外遥感，可以监测干旱对作物生长的影响，分析土壤水分含量变化情况；雷达遥感可以穿透云层，及时地监测洪涝灾害造成的农田淹没情况。结合植被指数、地表温度等遥感参数，可以快速地评估灾害的影响范围和严重程度。

另外，遥感技术还可用于病虫害的早期预警，通过分析作物反射光谱的变化，识别受害植被的病变区域，并结合气象、土壤和历史病虫害数据，构建病虫害预测模型，预警可能发生的农作物病虫害，帮助农民和农业管理部门及时地采取防控措施。在灾害评估方面，遥感数据与地面调查结合，可以在灾害发生后迅速地获取受灾面积、受损作物种类、损失程度等关键信息，为政府制定灾后补偿和恢复生产政策提供科学依据，提高农业灾害管理的效率。

4）农业生态环境监测

农业生态环境的变化直接关系到农业的可持续发展，利用遥感技术对农业生态环境进行监测，这样可以有效地评估土壤、植被、水资源等自然要素的变化趋势，为生态保护提供科学依据。

第一，遥感技术可以用来监测土壤侵蚀、盐碱化、土壤有机质含量变化等，热红外遥感数据可以评估土壤湿度状况，而高光谱遥感技术可以用于土壤重金属污染检测。第二，遥感技术可用来评估化肥、农药、废弃物等对农业生态环境的影响。通过遥感影像识别农业面源污染区域，监测水体富营养化，分析农业活动对河流、湖泊水质的影响，进而制定科学的污染治理策略。第三，遥感数据可用来评估农业生态系统对气候变化的响应，如气温升高对作物生长的影响、极端天气对农业生产的冲击等。通过遥感数据的长期监测，为农业可持续发展政策的制定提供支持，推动农业绿色发展。

5）精准农业管理

精准农业是一种以信息技术为支撑的现代农业生产模式，其核心目标是通过精准的数据采集与分析，提高农业资源利用效率，降低生产成本，提升农业产量和质量。遥感技术在精准农业中的应用，主要体现在作物监测、精准施肥、精准灌溉、农田管理等方面。

在作物监测方面，遥感影像可以提供作物长势、生长阶段和病虫害状况的信息，进而帮助农民和农业管理者实时掌握农田情况。例如，利用无人机遥感技术对大田作物进行精细化监测，识别植被健康状况，优化农作物管理决策。在精准施肥与灌溉方面，遥感技术可以结合土壤水分遥感数据，确定农田不同区域的施肥需求，避免不必要的化肥与水资源浪费。通过高分辨率遥感数据分析，绘制农田内的土壤肥力分布图，实现变量施肥，提高肥料利用率，减少环境污染。

6.1.2　遥感图像在农业领域中的应用原理

地球表面的不同物质在电磁波照射下会表现出独特的吸收行为和反射行为，这种对光谱的响应模式通常被称为光谱特征。各类地表覆盖物（如植被、土壤、水体、积雪等）的成分和结构不同，因此其在光谱反射率上存在显著差异。这些光谱特征的变化规律为地表信息的识别和分析提供了理论支撑。

作物的光谱反射特性受到作物种类、生长环境、管理方式、生育结构、营养状况等多种因素的影响。不同作物，甚至同一作物在不同生长条件下，都会展现出独特的光谱响应特征。这些特征在作物分类、产量预测、生长监测、营养评估及农业管理方面具有重要的应用价值，农作物遥感的核心理论依赖绿色植被的光谱表现，它是植物生长过程中与多种环境因子（生物和非生物）交互作用的综合结果。其中，叶片结构和冠层特性对植被的光谱反射影响较为显著，同时生长环境的变化会对其光谱特征产生影响。

农业遥感图像解译的核心监测对象主要包括作物和土壤，两者在光谱反射特性上具有显著的差异，这两种地物的典型反射光谱曲线如图6-1所示。植被的光谱响应受内部色素、水分含量、细胞结构等因素的影响，且在不同生长阶段（如萌发、旺盛生长、衰老）会经历周期性的变化，这种规律被称为植物季相节律。这些变化不仅体现在植物的细胞结构上，还体现在植被群体的宏观形态上。

作物在可见光至近红外波段的光谱响应特性主要取决于其色素含量、细胞结构和水分水平。其中，红光区域的光能吸收较为明显，在近红外波段表现出较高的反射率，这一光谱特征可用来评估作物的生长状态、品质指标及病虫害情况，有助于农业监测和精准管理。相比之下，土壤在相同光谱范围内的整体反射率较低，其光谱表现受到土壤有机质、氧化铁等关键成分的影响。这些物质决定了土壤的颜色及光学特征，通过分析土壤光谱数据，可获取土壤的肥力、湿度、类型等重要信息，为农业生产提供科学依据。

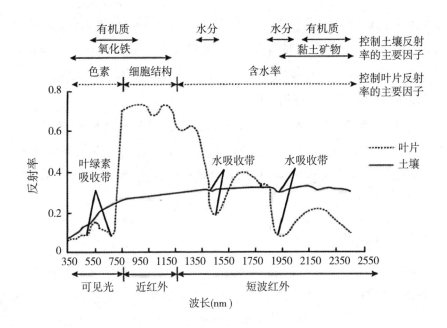

图 6-1 作物和土壤的反射光谱曲线

1）植被的光谱特性

植被的光谱特性是由植物叶片内部化学成分（如叶绿素、水分、氮素等）对不同波长光的选择性吸收和反射形成的。植物叶片的光谱反射率在不同波段具有显著变化，这种变化可以用来区分植被、土壤、水体、岩石等地物，并用于植被健康、长势及环境状况的监测。

（1）可见光波段（0.4～0.7 μm）。由于叶绿素、胡萝卜素等色素的吸收，植被在该波段表现出低反射率，0.45 μm（蓝光）和 0.66 μm（红光）附近形成两个吸收谷，而 0.55 μm（绿光）处形成一个反射峰，呈现出典型的"蓝边""绿峰""黄边"和"红谷"特征。植被的反射特征与非植被目标物体（如土壤和水体）存在明显差异，这使其成为作物监测的重要依据。

（2）近红外波段（0.7～1.3 μm）。在 0.7 μm 和 0.8 μm 之间，叶绿素的强吸收逐渐过渡到近红外波段的高反射区，形成"红边"陡坡。植被健康状况的变化可导致红边波长偏移，生长旺盛时红边向长波方向移动（红移），受损或退化时向短波方向移动（蓝移）。0.8 ～ 1.3 μm 区域的高反射率（可达 40% 或更高）主要由叶片细胞的内部结构造成，用来监测植被的生物量、长势和生理状态。

（3）短波红外波段（1.3 ～ 2.5 μm）。植被在该波段的光谱特征主要受叶片含水量的影响，水分的高吸收率导致反射率大幅度下降，1.45 μm、1.95 μm 处形成明显的水分吸收谷。该波段广泛用于植被水分状况评估。

2）植被的光谱识别

植被的光谱特性由其组织结构、生物化学成分和形态学特征决定，不同作物类型、不同植株营养状态虽然具有相似的光谱变化趋势，但是其光谱反射率是有差异的。植物叶片及冠层的形状、大小与群体结构（涉及多次散射、间隙率、阴影等）都会对冠层光谱反射率产生很大影响，并随着作物的种类、生长阶段等的变化而改变。因此，必须研究作物的冠层光谱特性受冠层结构、生长状况、土壤背景、天气状况等因素影响的程度及机制，这是实现作物长势、种类识别等指标遥感解译的基础。[①]

植物的光谱反射特性受到其生长阶段和物候变化的显著影响，由于不同植物的叶片结构及色素含量存在差异，它们的光谱表现各不相同。这一特性不仅可以用于基于物候期的植物分类，还能结合生态条件对植被类型进行区分。在生长旺盛期，叶绿素含量占据主导地位，其他色素的影响微乎其微，它使植物展现出典型的绿色植被光谱特征。随着植物进入衰老或休眠阶段，叶片颜色逐渐由绿色转变为黄色、红色，其光谱反射特性也随之发生明显变化。这种光谱变化使得不同种类的植物，甚至同一植物在不同生态环境下的反射率表现出显著差异。通过对植被在

① 邵振峰 . 遥感图像解译 [M]. 武汉：武汉大学出版社，2022：240.

各个生长时期的光谱特征进行分析，可以有效地区分不同植被类型，并监测其生长状态，为植被分类、生态环境评估和农业管理提供科学依据。

3）红边位移

红边指的是从红光区叶绿素吸收减弱的区域，延伸至近红外高反射区之间的狭窄波段（0.68～0.78 μm）。这一光谱特征是植被健康状况和生长动态的重要指示器，能够反映叶绿素含量、物候期变化、作物类别等关键信息。

研究表明，作物在生长发育阶段，红边波段会向长波方向偏移，即"红移"，这一现象反映了植被光合作用旺盛。当植被受到有害元素污染（如重金属毒害）或遭受病虫害侵袭时，红边向短波方向偏移，即"蓝移"，这一现象表明植被健康状况受损。

随着遥感技术的不断进步，越来越多的高光谱和多光谱遥感卫星开始配备红外波段，以增强对植被状况的监测能力。部分先进的遥感系统率先引入了红边波段，用来精准识别植被生长状态和健康状况。一些多光谱遥感卫星配备了多个红边波段，提高了植被光谱特征的敏感度和数据精度。近年来，部分高分辨率遥感卫星也开始应用红边波段，为农业监测和生态评估提供了更精细化的遥感观测手段。

6.1.3 遥感图像对农作物的参数解译

本部分围绕农作物遥感监测中的关键植被指数展开讨论，分别介绍比值植被指数、归一化植被指数、差值植被指数、土壤调整植被指数、绿度植被指数及垂直植被指数，并分析其在植被生长状况评估中的应用和作用机制。

农业遥感解析技术通过对遥感数据进行解读，提取作物生长分布的关键信息，为农业生产管理和生态监测提供了重要支持。植被指数作为一种重要的遥感参数，可以高效地评估植被的覆盖度和生长状况。随着遥感技术的不断发展，植被指数的应用涵盖了作物种植区的识别、生长过程监测、产量预测、农田灾害预警、生态环境质量评估、生物参数提取等多个领域。科研人员越来越多地利用遥感数据进行大规模的植被指数分析，旨在揭示全球或区域植被变化的趋势，推动宏观生态系统研究的进一步发展。

遥感图像中的植被信息主要由绿色植物的叶片和植被冠层的光谱特性反映，且不同波段的反射特征与植被的生长状态或生物特性密切相关。例如，绿光波段对植物种类的区分非常敏感，而红光波段更能反映植被的覆盖度和生长状况。因此，通过选取多个波段的遥感数据，并进行线性或非线性组合运算，可以生成具有指示意义的植被指数，这些指数能够在一定程度上反映植被的生长趋势、生物量等特征。健康的植被在近红外波段（$0.7 \sim 0.9\ \mu m$）通常反射 40%～50% 的能量，而在可见光波段（$0.4 \sim 0.7\ \mu m$）反射较少的能量，仅为 10%～20%。干枯植被的叶绿素含量相对较少，因此可见光的反射率会提高，但近红外反射率会降低。裸土的反射率在可见光波段高于健康的植被，但低于干枯的植被，且在近红外波段明显低于健康的植被，如图 6-2 所示。

在计算植被指数时，通常选取可见光红波段（$0.6 \sim 0.7\ \mu m$）和近红外波段（$0.7 \sim 0.9\ \mu m$）。红色波段对植物叶绿素的强吸收较为敏感，而近红外波段反映了植物叶肉组织的高反射性和高透射性。这两个波段在植物光合作用中发挥着重要作用，它们对相同生物物理现象的响应呈现出截然不同的光谱特征，形成了显著的反差。随着叶冠结构和植被覆盖度的变化，这种反差也会发生变化，因此可以通过比值、差分、线性等方式进行组合，以便更好地揭示潜在的植被信息。然而，植被光谱受植被类型、大气状况等多重因素的影响，因此植被指数往往表现出较强的地域性和时效性。

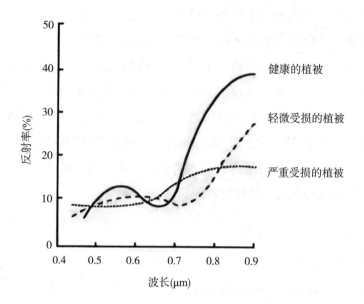

图 6-2　植被遭受不同程度损害的反射光谱曲线

1）比值植被指数

比值植被指数（ratio vegetation index, RVI）是遥感技术常用的一种植被指数，主要用来评估植被的覆盖度和生长状况。RVI 的计算方式简单，通常用可见光红波段和近红外波段的反射率之比表示植被的状况。其表达式为

$$RVI = \frac{NIR}{Red} \qquad （6-1）$$

式中，RVI——比值植被指数；

　　　NIR——近红外波段的反射率；

　　　Red——红光波段的反射率。

在绿色植被中，叶绿素对红光的吸收和叶肉组织对近红外光的强反射，导致红光波段与近红外波段之间存在明显的差异，这使得植被区域

的比值植被指数较高。对于没有植被的地面，如裸土、水体等，由于缺乏这种特有的光谱响应，RVI 值较低。因此，RVI 能够有效地增强植被与非植被地表之间的光谱差异，进而有效地区分植被与背景地物。

通常来说，土壤的 RVI 值接近 1，而植被的 RVI 值超过 2，这一指数能够有效地反映植被的反射特性，成为衡量植被生长状态和覆盖度的关键手段。另外，绿波段与红波段的比值也能提供有价值的信息，特别是在叶绿素的反射方面。研究显示，RVI 在高密度植被区域对植被变化较为敏感，并与生物量呈现高度相关性。然而，当植被覆盖度低于 50% 时，RVI 的区分能力会大幅度减弱。

2）归一化植被指数

浓密植被的红光反射率很小，RVI 值将"无限增长"。归一化植被指数（normalized difference vegetation index, NDVI)）的值限定在 [−1，1]。其表达式为

$$NDVI = \frac{NIR - Red}{NIR + Red} \qquad (6\text{-}2)$$

式中，NDVI——归一化植被指数；

　　　　NIR——近红外波段的反射率；

　　　　Red——红光波段的反射率。

NDVI 是植被生长状态及植被覆盖度的最佳指示因子。研究表明，NDVI 与叶面积指数、绿色生物量、植被覆盖度等植被参数有关，如 NDVI 与光合有效辐射呈近线性关系，NDVI 的时间变化曲线可反映季节和人为活动的变化，整个生长期的 NDVI 对半干旱区的降水量、对 CO_2 浓度随季节和纬度的变化均敏感。因此，NDVI 被认为是监测地区或全球植被和生态环境变化的有效指标。

通过比值计算方法，NDVI 能够有效地减弱太阳角度、卫星视角、地形起伏及大气因素（如云层、阴影和辐射条件变化）对数据的干扰。

此外，NDVI 的归一化处理显著降低了传感器校准衰减的影响，将单波段误差从 10% 减少至 6%，同时削弱了地表双向反射和大气效应对观测角度的依赖性，这些特性使得 NDVI 在植被监测中表现出更强的稳定性和敏感性。

对于陆地表面的不同覆盖类型，NDVI 值会呈现出明显的区分特征。例如，云、水体和雪地的红光反射率通常高于近红外反射率，因此其 NDVI 值小于 0；岩石、裸土等地表类型的红光反射率与近红外反射率接近，因此其 NDVI 值接近 0；植被的红光反射率低于近红外反射率，因此其 NDVI 值大于 0，并随着植被覆盖度的增加而增大。基于这一特性，NDVI 在大尺度的植被动态监测中效果突出，尤其适用于全球或各大洲范围的植被变化监测。然而，在使用宽视域传感器（如 MODIS、AVHRR、SPOT4-Vegetation、SeaWiFS 等）数据时，需要考虑方向辐射角度效应和大气影响，因此需要进行双向反射分布函数（bidirectional reflection distribution function, BRDF）的大气校正。

NDVI 对土壤背景变化具有强烈的敏感性，在植被覆盖率不足 15% 的情况下，NDVI 值可能超过裸土的数值。尽管植被能被识别，但是在干旱或半干旱区域，由于植被稀疏，NDVI 难以精确地表示植物生物量，同时对观测角度和光照条件的变化反应较为显著。随着植被覆盖率的提升，NDVI 值呈现稳定的线性上升趋势，能够有效地监测植被状态。然而，当覆盖率超过 80% 时，NDVI 值接近饱和，增长幅度减小，灵敏度降低。

3）差值植被指数

差值植被指数（difference vegetation index, DVI）是一种基于遥感数据的植被指数，主要用来衡量地表植被的生长状况。DVI 的计算方法较为简单，通常用植被反射的红光波段反射率与近红外波段之间的差值表示。其基本公式为

$$DVI = NIR - Red \qquad (6\text{-}3)$$

式中，DVI——差值植被指数；

NIR——近红外波段反射率；

Red——红光波段反射率。

差值植被指数对土壤背景的变化表现出较强的敏感性，这一特性使其在植被生态环境监测中具备一定的优势。然而，当植被覆盖度较高（超过 80%）时，DVI 的灵敏度会明显减弱，因此它更适用于植被生长的初期和中期，或者在中等覆盖度的植被监测中发挥作用。

4）土壤调整植被指数

土壤调整植被指数（soil-adjusted vegetation index, SAVI）是专门用来减少土壤背景影响的植被指数，在植被覆盖度较低的区域，土壤反射率对传统植被指数（如 NDVI）的干扰较大，可能导致植被信息的失真。SAVI 通过引入土壤调整因子（通常表示为 L），有效地缓解了这一难题，使其在稀疏植被区域的监测中表现得更为准确。

其计算公式为

$$SAVI = \left[\frac{NIR - Red}{NIR + Red + L} \right](1+L) \qquad (6\text{-}4)$$

L 代表土壤调整因子，其取值在 0 和 1 之间，具体值由实际地区的条件决定。L 的主要功能是降低植被指数对土壤反射变化的敏感性。当 L 为 0 时，SAVI 与 NDVI 值相同。在植被覆盖度适中的地区，L 通常约为 0.5。此外，因子（$1+L$）用来确保 SAVI 值与 NDVI 值一样，始终保持在 -1 和 1 之间。

（1）SAVI 通过减小土壤背景的影响，优化了植被指数与叶面积指数之间的关联。然而，这一调整可能会导致部分植被信息丢失，从而使得植被指数的值偏低。

（2）土壤调整因子 L 的取值与植被覆盖度密切相关。当 $L=0$ 时，地表完全无植被覆盖；当 $L=1$ 时，土壤背景对植被指数的影响几乎可以忽略不计。

（3）对于高密度植被区域，最佳的土壤调整因子 L 通常设为 0.75。因此，L 值的选择可以根据植被覆盖度灵活地调整。当 L 取值为 0.5 时，能够有效地降低土壤背景噪声。

基于 SAVI 的原理，研究者进一步提出了改进版的转换型土壤调整植被指数（transition soil-adjusted vegetation index, TSAVI）。其表示式为

$$TSAVI = \frac{a(NIR - a\,Red - b)}{Red + aNIR - ab} \qquad (6-5)$$

式中，a——土壤背景线的截距；

　　 b——土壤背景线的斜率。

为了进一步减少 SAVI 中裸土的影响，发展了修改型土壤调整植被指数（modification soil-adjusted vegetation index, MSAVI）。其表示式为

$$MSAVI = (2NIR + 1) - \frac{1}{2}\left(\sqrt{(2NIR+1)^2 - 8(NIR - Red)}\right) \qquad (6-6)$$

5）绿度植被指数

为了减少土壤背景对植物光谱或植被指数的干扰，除了开发一系列修正土壤亮度的植被指数（如 SAVI、TSAVI、MSAVI 等）外，研究人员还普遍采用了缨帽变换技术。

缨帽变换技术是一种基于线性变换的遥感数据处理技术，旨在增强植被与土壤信息的分离效果。该方法通过对多维光谱空间进行坐标旋转，使植被的光谱变化轨迹与土壤亮度方向形成正交关系，进而显著减少背景干扰。在变换后的坐标系中，植被的光谱特征呈现"缨帽"状分布，而土壤的光谱特性沿亮度轴延伸，该轴能够反映土壤的含水量、有机质、

颗粒组成、矿物成分、表面粗糙度等属性。[①]通过缨帽变换，遥感技术能够更精准地提取植被和土壤的独立特征，显著提升数据解析的精度和应用效果。

缨帽变换后的第一个分量主要表示土壤的亮度信息，第二个分量用来描述植被的绿度，第三个分量的物理意义因传感器类型不同而有所差异。在 Landsat 多光谱扫描仪数据中，其分量主要与黄度相关，但并无固定的物理解释；在 Landsat 主题成像仪数据中，第三个分量用来表示湿度。从整体来看，前两个分量承载了超过 95% 的关键信息，因此通过这两者构建的二维影像能够直观地展现植被与土壤在光谱上的差异特征。

6）垂直植被指数

垂直植被指数（perpendicular vegetation index, PVI）是对绿度植被指数在红波段和近红外波段二维空间中的一种模拟，两者在物理含义上具有相似性。在二维坐标系中，土壤的光谱特征呈现为一条倾斜的直线，它被称为土壤亮度线。土壤在红波段和近红外波段中表现出较高的光谱反射值，其亮度值会随着土壤特性的变化沿土壤线上下波动。相比之下，植被在红波段的反射值较低，而在近红外波段的反射值较高，因此在二维坐标系中，植被通常分布在土壤线的左上方区域，这种分布特征能够有效地区分植被与土壤的光谱差异。[②]

PVI 的表达式为

$$\text{PVI} = \sqrt{\left(S_{\text{Red}} - V_{\text{Red}}\right)^2 - \left(S_{\text{NIR.}} - V_{\text{NIR}}\right)^2} \qquad (6-7)$$

式中，S——土壤反射率。

V——植被反射率。

①　林楠.基于 RS 和 GIS 的吉林东部植被覆盖变化和驱动力研究[D].长春:吉林大学，2010.

②　姚远，丁建丽，倪绍忠，等.基于垂直植被指数的干旱区荒漠环境人工杨树林生物量模型[J].生态学杂志，2012，31（1）：222-226.

PVI 对土壤背景干扰的抑制能力较强，且对大气变化的敏感度较低，因此在稳定性方面优于其他植被指数。由于 PVI 能够减弱并消除大气、土壤的干扰，其在大面积农作物的估产方面被广泛应用。

6.2　遥感图像在森林领域中的应用

随着遥感技术的进步，森林遥感的应用模式由传统的航空影像与地面调查转向多平台、多源遥感影像的综合运用。这一转变使得森林遥感从定性分析迈向定量评估，实现了从静态到动态的估算跨越。现如今，森林遥感已广泛应用于各个层面。例如，可以使用航空摄影等手段观测森林环境，有效地解决问题；可以通过遥感图像获取森林的资源信息，确保数据的准确性和可靠性。

森林在陆地生态系统中拥有较大的碳吸收潜力与较长的吸收时间，森林对生物质和土壤具有固碳作用，这种作用能够减缓大气中 CO_2 浓度的上升。植被卫星遥感在土地覆盖、植被结构、生化参数及功能等多个方面取得了显著进展，为陆地生态系统碳循环研究提供了宝贵数据。对森林遥感图像进行解译，提取树种、林分尺度的分布信息，进而满足估算和预测森林碳汇的要求。

6.2.1 森林参数的获取

随着航天技术的持续进步，卫星遥感技术因其成本低廉、数据获取便捷等优势，逐渐成为科研领域的重要工具。当前，森林参数的提取主要聚焦于多种树种共存的森林环境，并在单木尺度上进行。因此，高精度的遥感数据变得至关重要，遥感技术必须具备更优的空间、光谱和时间分辨率，进而支持多尺度森林参数的高效获取和精准监测。

1）森林覆盖度

高空间分辨率的遥感技术能够通过遥感图像捕获详尽的空间信息，显著增强地表物体几何形状与纹理特征的清晰度，空间信息有助于确定目标物体特性、精确追踪地表覆盖变化。森林覆盖度是评估特定区域内森林植被垂直投影所占地表比例的核心指标，在气候变化、气象模拟、碳循环、能量交换等模型的构建中扮演着重要的角色。

森林覆盖度的变化不仅涉及森林与其他地物之间的转换，还包括不同森林种类之间的相互变换。监测这些变化的方法可以分为两种：第一种是对不同时期的遥感影像进行分类，比较各森林类型在不同时间点的空间分布差异，进而分析森林覆盖的变化；第二种是利用能够反映森林植被动态的相关指数，并通过数值计算进行变化的判别。[①]

2）树木高度

树木高度是衡量森林立地质量、林木生长状况及林层划分的重要标准，它能够揭示森林的结构特征，在森林资源调查中有着非常重要的意义。针对单棵树木高度的测定，主要采用两种方法：一种是传统的地面直接测量法，另一种是基于遥感技术的间接估测法。传统方法主要依赖

---

① 王聪. 基于多源遥感数据的毛竹林冠层郁闭度多尺度反演研究 [D]. 杭州：浙江农林大学，2015.

人工，如使用肉眼估计或运用专业设备（如经纬仪、全站仪）测量。借助无人机装载的激光雷达系统收集点云数据，通过数据处理构建森林冠层高度模型，进而估算树木高度。这两种方法各具优势，为树木高度数据的获取提供了多样化的解决方案。

3）森林空间分布

多光谱遥感图像能够有效地分析森林空间分布特征，不同波段的光谱数据可以识别和提取森林区域的植被信息，精确地划分森林的分布范围。不同类型的森林在光谱特征上存在差异，基于多光谱遥感图像区分森林与其他土地利用类型，进一步分析森林覆盖度、物种分布等空间特征。

森林资源是全球范围内十分宝贵的公共资源，它紧密关联各国的经济发展水平和民众的生活质量，是推动可持续发展的重要基石。森林空间的清查工作主要分为两大类：一类清查（全面清查）和二类清查（专项清查或抽样清查）。通过运用多种遥感数据资源，如中分辨率成像光谱仪、专题制图仪、中巴地球资源技术卫星、SPOT-5 卫星、QuickBird 卫星等，并结合社会经济方面的调查手段，实现对森林植被分布情况长期的动态监测，进而获取全方位的信息。高分辨率影像技术和遥感技术已经成为森林资源调查与监测工作中不可或缺的核心工具。对于多光谱遥感数据，可以凭借其独一无二的光谱特性，实现对森林资源空间分布的精确且高效的监控。

4）森林树种

森林是地球上重要的可再生自然资源，也是陆地生态系统的核心组成部分。[①] 它不仅为人类提供了丰富的物质资源，还在维持生态过程和保障生态平衡方面起着至关重要的作用，森林树种的准确识别是合理利

---

① 朱炜，李东，沈飞，等. 高光谱遥感森林树种分类研究进展 [J]. 浙江林业科技，2013，33（2）：84-90.

用和有效保护森林资源的基础。多光谱遥感技术受到光谱分辨率的限制，难以区分光谱特征相似的树种，通常只能将目标物体粗略地划分为植被和非植被，或将森林简单归类为针叶林、阔叶林等，无法满足实际应用中对精细化分类的需求。

第一，由于高光谱分辨率和丰富光谱波段的不足，不同树种之间常表现出高度相似的光谱特征（"异物同谱"效应），导致宽波段遥感数据难以捕捉其细微的光谱差异。第二，光学遥感依赖不稳定的光照条件，这可能导致同一树种在不同环境下呈现出差异显著的光谱特性（"同物异谱"效应）。高光谱遥感技术成功突破了光谱分辨率的限制，在光谱维度上显著减少了其他干扰因素的影响，能够精准地探测到地物间细微的光谱差异，大幅度提升森林树种的识别能力，为森林树种分布信息的精确获取提供了强有力的技术支持。

高光谱遥感技术的主要优势是其能够提供更为细化的光谱数据，使得地物的光谱特征能够被更准确地捕捉，并用于森林树种的分类和识别。光谱匹配技术通过对比地物的光谱与已有数据库中的光谱，评估其相似度或差异性，并识别出具有独特光谱特征的区域。该方法可以深入提取光谱信息，有效地分析地物的特性，大大提高树种的识别精度。

高光谱遥感技术在森林树种识别中的应用一直是研究的热点，高光谱数据具备波段多、数据量大、图谱完整的特征，因此需要发展更高效的识别算法。经过二十多年的技术积累，在传统识别方法的基础上，衍生出一系列专门针对高光谱图像特点的算法，分别为光谱特征分析法、光谱匹配法和统计分析法。在实际的地面高光谱数据采集过程中，通常使用地物光谱仪获取典型植被的冠层或叶片的光谱特征曲线，以进行进一步的分析。

6.2.2 森林生物量的获取

遥感图像解译是一种基于遥感技术和图像处理方法评估和监测森林生物量的有效手段。森林生物量指的是森林中所有植物的干重总和，它能够衡量森林的生态系统功能、碳储存能力及森林健康状况。随着遥感技术的不断发展，特别是高分辨率卫星影像和激光雷达技术的应用，遥感图像解译已成为森林生物量估算的关键技术之一。

遥感技术凭借其宏观视角、动态实时监测能力和多源数据整合的优势，在森林生物量及其他植被参数的估算中取得了显著进展。随着多尺度传感器及多光谱技术的持续发展，遥感技术为地上生物量监测提供了强大的技术支持。从遥感应用的角度来看，地上生物量监测是遥感研究中的重要领域之一，它为植被与生物物理、生态学参数之间的关系分析提供了高效、便捷的工具。

卫星遥感技术通过捕捉地球表面发射的电磁波信号，对远程环境目标进行监测和识别，进而实时评估环境质量。这项技术为环境数据获取提供了全方位、高效率的解决方案，特别是在大范围区域和动态环境变化的监测上，具有快速的优势。卫星遥感已广泛应用于气象监测、农业作物生长分析、森林病虫害监测、空气质量及水体污染监测等领域。其优势是具有广阔的覆盖范围，能够监测到人类难以接触的偏远地区（如高山、密林等）的环境信息。

随着数据来源的增加，遥感监测的成本逐渐降低。然而，卫星遥感技术对地面细微变化的捕捉仍存在局限性，因此需要结合地面监测、空中监测与卫星遥感，进而获得更为准确的环境数据。植物叶片在可见光的红光波段表现出强烈的光吸收特性，而在近红外波段则具有较强的光反射特性，这些特性为植被遥感监测提供了物理依据。[①]蓝光、红光和近红外波段的结合，可以有效地减少大气中气溶胶对植被指数的干扰，并对不同波段数据进行组合，计算出多重植被指数。植物的光谱反射特征明显区别于土壤、水体和其他地物，它们的电磁波响应与植物的化学组成和形态特征紧密相关，并与植物的生长状况和健康状态密切关联。在可见光和近红外波段之间，约 0.76 μm 处的反射率急剧上升，形成所谓的"红边"现象，这是植物反射光谱的显著特征，成为植被遥感研究的重要区域。尽管不同种类的植物在可见光波段的反射差异不大，但是在近红外波段，其反射率差异显著，这有助于区分不同类型的植被。

植被指数是一种基于经验、简单且高效的地表植被活动量化工具，能够精确地表示植被的健康状态和覆盖程度。它在土地覆盖变化监测、植被类型划分、生物量估算等多个领域得到了广泛应用。常用的反演模型包括多元线性回归、近邻算法、支持向量机、反向传播神经网络、随机森林、深度学习等。随机森林是一种基于决策树的集成学习方法，这种方法在训练过程中引入随机特征选择并结合多个决策树，显著提升了模型的准确性。在随机森林算法的应用中，植被指数作为输入数据用于模型训练和学习，进而实现高效的植被监测与分析。

交叉验证是一种广泛应用于机器学习模型性能评估的技术，能够显著减少由单一数据集划分带来的结果波动。通过计算决定系数（R^2）、均方根误差等评价指标，评估反演模型的准确性。图 6-3 展示了生物量反演的基本流程。

① 武鹏飞，胡列群，李贵才，等. 基于棉田光谱的 FY-3A/MERSI 与 MODIS 植被指数关系研究 [J]. 沙漠与绿洲气象，2011，5（4）：49-52.

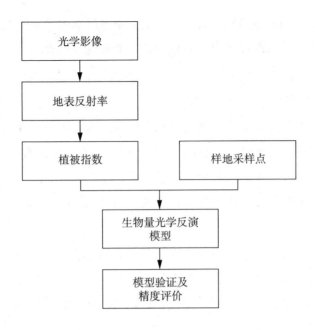

图 6-3　生物量反演的基本流程

随机森林是一种创新的分类和预测算法，这种方法基于自助重采样技术从容量为 N 的训练数据中随机抽取样本，生成新的训练集。通过 K 次独立的样本抽取，得到 K 个不同的训练集，分别构建 K 个分类树，最终形成一个随机森林，这个过程实际上是对传统决策树算法的优化和扩展。

6.2.3　森林火灾损失的分析

遥感技术在森林火灾监测中的应用已有较长历史，早在 20 世纪 50 年代，森林行业便利用航空遥感技术开展了火灾监测工作。[①]20 世纪 80

① 王晓然 . 遥感技术在林业中的应用现状与展望 [J] . 科学技术创新，2020（19）：138-139 .

年代初，随着 Landsat TM、NOAA 气象卫星等遥感卫星数据的逐步引入，国内专家学者开始将这些卫星数据应用于森林火灾监测中。1987 年，在大兴安岭特大森林火灾监测中，遥感技术发挥了重要作用，它为火灾的快速响应与评估提供了有力支持。

森林火灾不仅是生态系统中显著的干扰因素，还是土地覆盖变化的重要驱动因素。随着全球气候的变化，森林火灾发生的频率和规模不断增加，火灾已成为生态系统中的重要干扰源，它能够引起土地覆盖的显著变化。火灾能够破坏森林植被，增加大气中二氧化碳的含量，进而加剧温室效应和气候变化。

在光合作用过程中，森林在吸收二氧化碳和储存碳方面发挥着关键作用。火灾的发生使森林的生物量显著减少，从而减少了森林的碳储量。这一过程不仅加剧了大气中温室气体的浓度，还改变了森林生态系统的碳循环。

遥感影像成为分析森林火灾损失的有效工具，它能够精准地监测火灾前后森林面积、植被类型和生物量的变化。在短时间内，遥感技术能够获取火灾区域的空间分布，识别火灾前后的土地覆盖变化，评估火灾造成的森林损失。遥感图像解译具有快速、广泛和高效的特点，且能够为灾后恢复和碳储量评估提供科学依据，帮助管理者制定有效的森林火灾应对策略。

6.3　遥感图像在交通领域中的应用

遥感图像在交通领域的应用日益广泛，主要用于交通的监控、规划和管理。通过高空俯拍的遥感图像可以实时监测交通事故和车辆分布情况，为交通调度提供数据支持。[①]

目前，遥感图像中车辆识别技术已经多样化，许多方法依赖对象的几何形状、灰度值及图像特征。例如，结合方向梯度直方图和 Gabor 滤波器提取图像特征；利用多核支持向量机进行车辆分类；通过低像素级别的多光谱图像自动提取车辆位置信息，并结合遥感图像与多光谱图像的时间差计算车辆的移动速度；基于空间稀疏编码的词袋模型，选择处理单元，并利用新的空间映射策略进行几何信息编码。

基于深度卷积神经网络的图像车辆检测技术能够自动提取图像特征并训练分类器，它在图像识别领域表现优异，能够提升车辆检测的准确性。

6.3.1　道路车辆检测平台的设计

为了降低客户端系统构建的复杂性，将道路车辆检测平台构建在云平台上，客户端只需要将获取的图像上传到云平台，然后由云平台进行识别。这种架构不仅节省了客户端计算资源，而且适用于各种移动终端

---

① 门飞飞. 基于无锚点的遥感图像车辆目标检测 [D]. 杭州：杭州电子科技大学，2021.

设备。

开发一个遥感图像处理平台，提出一个相对完整的解决方案，以进行道路区域车辆检测，系统架构如图 6-4 所示。平台由客户端和服务器两部分组成，用户通过客户端将待检测的图像上传至服务器，服务器利用预先训练的模型和方法进行处理，并将检测结果返回给用户。

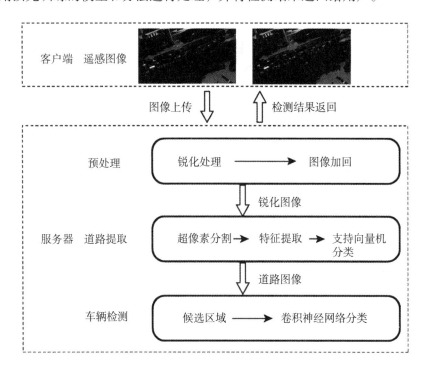

图 6-4　车辆检测系统架构

6.3.2　道路区域的提取

在遥感图像的生成和传输过程中，受天气、光照、地物阴影、系统噪声等因素的影响，图像质量可能会降低。为了确保道路区域提取和车辆标注的准确性，需要对图像进行预处理，预处理的核心是通过图像增强技术突出目标物体的细节特征。对于道路区域的提取,清晰的道路边缘是关键;对于车辆标注,车辆的几何形状和边缘信息是重点。本节采用索贝尔算子对图像进行锐化处理,该算子由两个矩阵构成,分别对图像进行横向和纵向卷积运算,计算像素灰度值差,从而增强图像的高频部分,突出边缘特征并抑制噪声。另外,在滤波操作中引入"加回值"参数,用来控制原始图像中保留的细节比例,以确保图像的空间连续性。

遥感图像通常包含道路、树木、建筑等多个区域,其中树木、建筑等非道路区域的车辆会干扰车辆检测结果。因此,在进行车辆检测之前,要提取道路区域。去除不相关的区域,进而有效地减少其他区域车辆对检测结果的影响,同时显著缩小图像的尺寸,从而减少车辆检测算法的处理时间。

通过特征提取与支持向量机(support vector machine, SVM)对道路区域进行分割,具体过程包括以下 3 个步骤:①对遥感图像进行超像素划分;②提取每个超像素块的相应特征;③将提取的特征输入 SVM,以便进行分类,得到仅包含道路区域的图像。

在进行道路特征提取之前,采用超像素分割技术对图像进行预处理。超像素分割通过分析像素间的相似性,将图像分割成多个超像素块。在分类过程中,系统不需要对逐个像素进行处理,而是基于超像素块的特征进行分类,这在一定程度上简化了图像处理流程并减少了计算时间。改进版的简单线性迭代聚类算法具有较快的速度、较低的内存消耗和较好的边缘信息保留能力。

初始化步长为 S

将聚类中心移动至 3×3 邻域内梯度最小的位置

设置每个像素的标签 $l(i) = -1$

reapeat:

for 每个像素中心 do

for 每个聚类中心 C_k 周围 $2S \times 2S$ 的区域中的像素

```
i do
计算 C_k 与 i 的距离 D
if  D<d(i)then
设 d(i)=D
设 l(i)=k
end if
end for
end for
计算新的聚类中心
计算残留误差 E
umtil E ≤ 阈值
```

图像应用简单线性迭代聚类算法进行超像素分割后，每个超像素区域的颜色、纹理等特征将会被单独提取，将这些特征信息输入支持向量机中并进行分类，最终得到一张只包含道路部分的图像。得到图像后，需要对其中的每个超像素的颜色和纹理进行特征提取，进而计算出每个超像素块的特征。

YUV 颜色空间用来描述图像的亮度和色彩特征，其中 Y 表示图像的亮度（强度）信息，而 U 和 V 表示色度（色彩）信息。将 RGB 值转换为 YUV 格式，并将图像的强度和色彩信息分开，这有利于特征提取。为了得到每个超像素块的特征，可以使用 YUV 直方图分析图像的亮度和色彩分布。然而，颜色直方图仅反映了颜色分布和色调，忽略了像素的空间位置，这意味着不同的超像素块可能拥有相同的颜色直方图，但其具体的颜色空间特征可能存在差异。

超像素块的纹理特征通过局部二值模式进行提取，具体方法是将每个像素周围 3×3 区域内其他像素的灰度值与中心像素进行比较。若周围像素值大于中心像素值，标记为 1，否则标记为 0。通过灰度值与中心像素的比较，生成一个 8 位二进制序列，并将其转换为十进制数值，作为该像素的局部二值模式特征值。对于每个超像素块，分别计算其在 3 个颜色通道上的局部二值模式特征，并以直方图形式表示，最后对数据进行归一化处理。

6.3.3　基于深度学习的车辆检测

一般情况下，遥感图像的尺寸相对较大，在经过道路区域提取后，尺寸会有所减小，但仍然包含大量的背景信息。因此，在进行目标分类之前，需要从图像中选取部分区域作为候选区域，并将其输入分类模型，以进行车辆识别。

传统的候选区域筛选与分类方法一般包括以下 3 个步骤：①采用滑动窗口技术，以不同尺度的窗口扫描图像，筛选可能包含目标物体的区域；②从候选区域中提取关键特征，如方向梯度直方图等，以便提高分类的准确性；③将提取的特征输入机器学习分类器（如支持向量机），判断该区域是否包含目标车辆。

这种方法通过分步筛选和特征提取提高目标物体识别的准确性，但其计算复杂度较高，通常用于传统的计算机视觉中。传统的候选区域筛选方法本质上是一种穷举式搜索策略，目标物体可能出现在图像中的任意位置，因此需要设计多种长宽比的滑动窗口，以全方位扫描图像。尽管这种方式能够在一定程度上确保所有目标区域被覆盖，但是窗口数量过多会导致后续特征提取和分类变得低效，进而增加处理时间。

近年来，随着深度学习技术的迅猛发展，卷积神经网络在图像识别与目标检测领域的应用日益广泛。其中，卷积神经网络方法有效地克服了传统滑动窗口方法在目标定位上的低效与冗余的问题。该方法采用选择性搜索算法，从图像中提取可能包含目标物体的区域，将候选窗口的数量控制在 1 000 ～ 2 000 个。这一策略减少了冗余窗口，提高了候选区域的质量，同时确保了一定的目标召回率，显著提升了目标检测的精度与效率。

通过计算相邻区域之间的相似度，合并相似度较高的区域，直至所有区域最终被合并为整张图像，这种方法被称为选择性搜索算法。在这个过程中，每次合并产生的区域都会被作为潜在的候选区域。

根据数据集特性进行定制化修改，图 6-5 为 VGG-16 结构图。网络架构包含 5 个卷积模块，每个模块内包含多个卷积层，每个卷积层后面跟着一个最大池化层。所有卷积层采用 3×3 卷积核，步长为 1，而池化层配置 2×2 池化核，步长为 2，这样设计的目的是缩减特征图尺寸并保留关键特征。调节连接层并进行分类，针对数据进行合理的调整，确保输出的数据为 15。

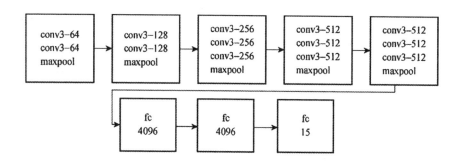

图 6-5　VGG-16 结构图

VGG-16 神经网络的优势是它能够进行深层次的架构设计，它选择使用较小的 3×3 卷积核与 2×2 池化核。这种策略不仅能够有效地降低每层的参数数量，还能促进更详尽特征信息的捕捉。另外，每个卷积层均配置了 ReLU 激活函数，这增强了网络处理非线性问题的能力。通过连续堆叠多个这样的卷积层，VGG-16 显著提升了决策效能，其深度结构赋予了网络更高的表达能力和区分精度，并能够更细致地提取和辨识复杂特征。

选择性搜索算法生成的候选框形状不规则，其尺寸和长宽比变化较大，而卷积神经网络需要输入固定的尺寸。因此，采用各向异性缩放技术，将候选区域统一调整为 224×224 像素，进而适应网络输入要求。神经网络识别后，可能会出现多个重叠的候选框被误判为同一目标物体的情况，这种情况下可以使用非极大值抑制算法来消除冗余框，仅保留精确的检测框。

　　尽管深度学习在常规数据集上（如 ImageNet）的应用效果非常不错，但是其在遥感图像中的应用有限。普通图像通常是在同一个平面拍摄的，而遥感图像多是在高空俯拍的，目标物体较小，像素占比较低，信息量有限。另外，遥感图像的视野非常广阔，背景复杂，这增加了目标物体检测的难度。为了提高车辆检测的准确性，可以选择使用专门标注的大规模遥感图像数据集进行网络的训练和测试。

第7章　总结与展望

7.1 总结

遥感技术作为现代地理信息科学的重要组成部分，以其高效、大范围、多时相的数据获取能力，在多个领域展现了巨大的应用价值。本书从遥感图像的基础理论出发，系统地探讨了遥感图像的成像原理、特征分析、预处理方法、变换技术、分类与分割技术、信息提取方法及其在农业、森林、交通等领域的应用，旨在为遥感技术的深入研究与实践提供理论支持和方法指导。

遥感图像的成像原理是遥感技术的基础，其核心是通过传感器接收地物反射或发射的电磁波信息，形成图像数据。遥感图像的特征分析从空间分辨率、光谱分辨率、时间分辨率和辐射分辨率 4 个方面展开，为后续的图像处理和应用提供了理论依据。遥感图像的多源性和多尺度性使其能够满足不同领域的需求，但对数据处理技术提出了更高的要求。

遥感图像预处理主要包括图像的校正、镶嵌、裁剪和融合。图像校正消除了成像过程中的误差；图像镶嵌将多幅图像拼接为完整的区域图像；图像裁剪根据研究需求提取感兴趣区域；图像融合提高了图像的信息量和分辨率。这些预处理方法为后续的图像分析和应用奠定了数据基础。

遥感图像变换是提取图像特征的重要手段，包括波段运算、K-L 变换、缨帽变换、彩色变换和傅里叶变换。波段运算增强了特定地物信息；K-L 变换和缨帽变换用于降维和特征提取；彩色变换通过色彩空间转换突出目标物体信息；傅里叶变换从频域角度分析图像特征。这些变换技术为遥感图像的分类、分割提供了丰富的特征信息。

遥感图像分类包括监督分类和非监督分类，前者通过训练样本提取地物特征，后者则基于数据本身的统计特性进行分类。图像分割技术通过边界检测、区域生长等方法将图像划分为具有特定意义的区域，为目标物体识别和信息提取提供支持。

遥感图像信息提取是将图像数据转化为实用信息的关键步骤，本书重点探讨了植被覆盖度遥感监测、水域面积及水量的遥感计算方法。植被覆盖度监测通过植被指数（如 NDVI）反映植被生长状况；水域面积及水量计算通过水体指数和遥感反演模型实现。

遥感图像在农业、森林和交通领域的应用展现了广泛的应用价值。在农业领域，遥感图像用于作物长势监测、产量预估和灾害评估；在森林领域，遥感图像支持森林资源调查、火灾监测和生物多样性研究；在交通领域，遥感图像为道路规划、交通流量监测和灾害应急提供了重要数据支持。

7.2　展望

尽管遥感技术取得了显著进展，但是其发展仍面临诸多挑战。随着传感器技术的不断进步，高分辨率遥感数据的获取变得更加便捷，但数据处理和存储的需求不断增加。

科研人员需要开发更高效的算法和计算平台，以应对海量数据的处理需求，人工智能和深度学习技术在遥感图像分类、目标物体检测和信息提取中展现了巨大的潜力。未来，基于深度学习的遥感图像分析方法将更加智能化，并且能够自动识别复杂场景中的目标物体，提高分类和分割的精度；迁移学习、自监督学习等新兴技术将为遥感数据的标注和模型训练提供新的思路。

随着卫星技术的发展，实时遥感数据的获取将成为可能。未来，遥感技术将能够实现大范围区域的动态监测，为灾害预警、环境监测和城市管理提供实时数据支持。例如，在交通领域，实时遥感数据可以用于交通流量监测和拥堵预测，为智慧交通系统提供决策依据。

遥感技术将与地理信息系统、全球卫星导航系统、物联网等技术深度融合，形成更加综合的应用体系。例如，在农业领域，遥感数据和地面传感器数据的结合，可以实现精准农业管理；在生态领域，遥感技术与生态模型的结合，能够更好地评估生态系统的健康状况。

遥感技术将在应对全球气候变化、资源短缺、自然灾害等重大挑战中发挥重要作用。例如，通过遥感技术监测冰川融化、森林砍伐和海洋污染，为全球环境治理提供科学依据。此外，遥感技术还将在碳中和、可持续发展等全球性议题中发挥关键作用。

遥感技术作为一门综合性学科，其理论研究和实践应用仍在不断深化。未来，随着技术的进步和应用需求的增加，遥感技术将在更广泛的领域发挥更大的作用，为人类社会的发展和进步提供强有力的支持。希望在未来的研究中，遥感技术能够与更多学科深度融合，为社会进步贡献更大的力量。

参考文献

[1] 程起敏. 遥感图像检索技术［M］. 武汉：武汉大学出版社，2011.

[2] 闫利. 遥感图像处理实验教程［M］. 武汉：武汉大学出版社，2010.

[3] 关泽群，刘继琳. 遥感图像解译［M］. 武汉：武汉大学出版社，2007.

[4] 苏娟. 遥感图像获取与处理［M］. 北京：清华大学出版社，2014.

[5] 詹云军. ERDAS 遥感图像处理与分析［M］. 北京：电子工业出版社，2016.

[6] 万建伟，粘永健，苏令华，等. 实用高光谱遥感图像压缩［M］. 北京：国防工业出版社，2012.

[7] 赵春晖，王立国，齐滨. 高光谱遥感图像处理方法及应用［M］. 北京：电子工业出版社，2016.

[8] 万发贯，柳健，文灏. 遥感图像数字处理［M］. 武汉：华中理工大学出版社，1991.

[9] 李春静，徐达. 林业遥感图像分类方法与实践［M］. 北京：中国水利水电出版社，2012.

[10] 马晓钰. 基于多特征融合的遥感图像林火火焰辨识研究［J］. 信息技术与信息化，2024（12）：146-149.

[11] 江海宝，皮原征. 基于 AI 的遥感影像条带噪声滤波方法研究［J］. 电声技术，2024，48（12）：57-59.

[12] 徐丹青，吴一全. 光学遥感图像目标检测的深度学习算法研究进展［J］. 遥感学报，2024，28（12）：3045-3073.

[13] 胡文超，解志刚，叶周园，等. 利用弱监督预训练 CNN 模型的遥感影像云检测方法［J］. 地理空间信息，2024，22（12）：25-29.

[14] 陈秋，邵长高，吕建军. 基于深度学习的海上船舶遥感识别方法对比分析［J］. 地理空间信息，2024，22（12）：74-78.

[15] 蒲生亮，王济楠. 基于局部谱图神经网络的高光谱遥感图像特征可分离性增强及地物分类方法［J］. 遥感技术与应用，2024，39（6）：1452-1465.

[16] 王旭阳，张莹. 贝叶斯网络模型优化下的山地植被覆盖度遥感监测与规划技术［J］. 勘察科学技术，2024（6）：51-55.

[17] 康家银，姬云翔，马寒雁，等. 基于深度学习的多光谱与全色遥感图像融合方法综述［J］. 江苏海洋大学学报（自然科学版），2024，33（4）：83-93.

[18] 吴辉，刘道伟，白洁琼，等. 涉河建设项目遥感影像收集与应用研究［J］. 低碳世界，2024，14（12）：25-27.

[19] 柏栋，于英，宋亮，等. 面向军用车辆细粒度检测的遥感图像数据集构建与验证［J］. 中国图象图形学报，2024，29（12）：3564-3577.

[20] 肖剑，刘超，于帅. 一种基于改进 SIFT 的图像匹配融合算法［J］. 江西科学，2024，42（6）：1263-1270.

[21] 楼荣. 融合光学与合成孔径雷达遥感特征的道路提取方法［J］. 贵州科学，2024，42（6）：91-96.

[22] 杨舒琪，齐文雯，曹世翔，等. 基于 NSST 的卫星遥感图像在轨 MTF 自动检测研究［J］. 航天返回与遥感，2024，45（6）：56-69.

[23] 刘勇，杨伟丽，郭鹏宇，等. 基于改进 YOLOv5 的多光谱卫星遥感图像地物分类方法［J］. 航天返回与遥感，2024，45（6）：113-123.

[24] 陆一闻，毛立身，谢一春，等．基于光谱斜率差异与机器学习的土地覆盖变化检测融合算法［J］．航天返回与遥感，2024，45（6）：137-150．

[25] 赵全意，郑福建，夏波，等．基于深度流形蒸馏网络的高光谱遥感图像场景分类方法［J］．测绘学报，2024，53（12）：2404-2415．

[26] 敏玉芳，艾鸣浩，张耀南，等．黄河上中游淤地坝高分辨率光学遥感卫星影像样本数据集［J］．中国科学数据（中英文网络版），2024，9（4）：192-202．

[27] 杨松，王晓晖，王晓燕，等．基于注意力机制与特征融合的遥感图像场景分类［J］．传感技术学报，2024，37（12）：2078-2083．

[28] 李孟歆，姜政，李志秀，等．基于DeepLabV3+的遥感图像建筑物分割方法［J］．计算机仿真，2024，41（12）：260-263，368．

[29] 侯卫民，王彦霞，刘峻滔，等．基于遥感影像的自监督网络小样本耕地提取［J］．计算机仿真，2024，41（12）：255-259，283．

[30] 高威，于龙昊．基于改进UNet++的遥感影像海岸线提取方法［J］．中国新技术新产品，2024（23）：33-35．

[31] 李成范，韩晶鑫，盘晓东，等．基于深度学习的火山灾害场景高分遥感检测方法［J］．地球物理学报，2024，67（12）：4717-4732．

[32] 齐然然，帕力旦·吐尔逊，汤泊川，等．基于残差注意力编-解码网络的道路提取方法［J］．计算机工程与科学，2025，47（1）：119-129．

[33] 聂雅琳，王海军，石念峰，等．融合深度卷积神经网络和Swin Transformer的露天矿遥感图像超分辨率重建［J］．金属矿山，2024（12）：240-245．

[34] 王立波．基于视觉Transformer的高分辨率遥感影像建筑物分割方法［J］．武汉大学学报（信息科学版），2024，49（12）：2355．

[35] 李雨秋，薛健，吕科，等．基于Dense Teacher的半监督双阶段遥感目标检测方法［J］．无线电工程，2024，54（12）：2754-2764．

[36] 马晓磊，张彦军，汪凯威，等. 基于多光谱图像融合的区域光伏发电容量预测［J］. 太阳能学报，2024，45（11）：267-271.

[37] 刘春娟，辛钰强，吴小所，等. 基于多尺度特征融合的遥感图像变化检测网络［J］. 四川大学学报（自然科学版），2024，61（6）：121-131.

[38] 张金锋，谢枫，王鹏，等. 基于自适应变异的变步长天牛须算法及其在图像配准中的应用［J］. 合肥工业大学学报（自然科学版），2024，47（11）：1465-1471.

[39] 周振中，韩晴晴. 基于高光谱遥感的老汴河岸线保护规划方法［J］. 水上安全，2024（22）：73-75.

[40] 梁杰文. 基于迁移学习和 EfficientNetV2 的遥感图像场景分类［J］. 北京测绘，2024，38（11）：1521-1525.

[41] 孟瑜，陈静波，张正，等. 知识与数据驱动的遥感图像智能解译：进展与展望［J］. 遥感学报，2024，28（11）：2698-2718.

[42] 李智，高连如，郑珂，等. 高分辨率遥感图像场景分类研究进展［J］. 遥感学报，2024，28（11）：2739-2760.

[43] 王海群，赵涛，王柄楠. 多尺度渐近特征融合的遥感目标检测算法研究［J］. 电光与控制，2024，31（12）：33-40.

[44] 马海荣，沈祥成，罗治情，等. 基于 Psi-Net 深度学习网络的高空间分辨率遥感影像地块尺度的耕地提取［J］. 湖北农业科学，2024，63（11）：197-202.

[45] 卞盼盼，周立，张宁. 基于深度学习的遥感影像水体提取方法研究［J］. 测绘与空间地理信息，2024，47（11）：25-28.

[46] 李军军，陈健，杨旭. PBL 教学在遥感数字图像处理课程双语课程建设中的探索与实践［J］. 科教文汇，2024（22）：95-99.

[47] 任玲慧，仇忠丽，李智伟，等. 基于改进粒子滤波算法的遥感图像识别研究［J］. 水土保持应用技术，2024（6）：1-4.

[48] 张韬. 遥感技术在变电设备状态监测与故障诊断中的应用[J]. 电子技术，2024，53（11）：294-295.

[49] 王新红. 遥感信息技术在国土调查监测中的应用[J]. 数字通信世界，2024（11）：138-140.

[50] 廖晓芳，胡新乾. 基于改进 TSO 优化图像熵的图像识别与分割[J]. 计算机工程与设计，2024，45（11）：3471-3478.

[51] 吴庆玲，石强，杜永盛，等. 基于张量分解与非下采样 Contourlet 变换遥感图像增强[J]. 中国光学（中英文），2024，17（6）：1307-1315.

[52] 左萍萍，赫宗尧，李帅，等. 智能技术在无人机遥感图像解译与地物分类中的应用[J]. 集成电路应用，2024，41（11）：148-149.

[53] 刘泽梦，白俊卿. 基于改进型 HRNetV2 网络的遥感图像分割研究[J]. 信息与电脑（理论版），2024，36（21）：62-64.

[54] 林瑞鸿，刘超，谭浩. 基于改进 YOLOv7 的遥感图像飞机目标检测[J]. 现代计算机，2024，30（21）：43-48.

[55] 李朝阳. 无人机遥感技术在农田水利监测中的应用与优化策略[J]. 农村科学实验，2024（21）：84-86.

[56] 王雷雨，王正勇，陈洪刚，等. 改进 Oriented R-CNN 的遥感图像定向目标检测算法[J]. 电子测量技术，2024，47（21）：138-149.

[57] 孙芸倩，何强，陈琳琳. 基于差异特征补偿 Transformer 的遥感图像变化检测[J]. 河北师范大学学报（自然科学版），2024，48（6）：541-551.

[58] 杨茜，赵红涛，麻克君，等. 面向铁路遥感影像的自动化处理技术研究与应用[J]. 电脑知识与技术，2024，20（31）：112-115.

[59] 侯旭亮. 基于无人机遥感技术的图像拼接方法优化研究[J]. 电脑知识与技术，2024，20（31）：125-127.

[60] 冯茜. 基于遥感图像的不动产地理信息采集技术探讨[J]. 住宅与房地产，

2024（30）：101-103.

[61] 朱溪月. 基于遥感技术的城区绿地调查研究[J]. 价值工程, 2024, 43(30)：123-126.

[62] 林珊玲，张雪，陈燕，等. 融合全局信息与双域注意力机制的光学遥感飞机目标检测［J］. 光学精密工程，2024，32（20）：3085-3098.

[63] 梁鹏飞. 基于改进YOLOv5的轻量级遥感目标检测方法［J］. 测绘与空间地理信息，2024，47（10）：63-66.

[64] 陶健. 基于空洞卷积与空间注意力的遥感影像小目标检测方法［J］. 测绘与空间地理信息，2024，47（10）：104-107，111.

[65] 刘东旭. 基于卷积神经网络的高光谱遥感图像分类方法研究［D］. 北京：中国科学院大学（中国科学院长春光学精密机械与物理研究所），2023.

[66] 陈鑫. 基于可见光遥感图像的典型目标自动检测技术研究［D］. 北京：中国科学院大学（中国科学院长春光学精密机械与物理研究所），2022.

[67] 王紫腾. 基于深度迁移学习与多特征网络融合的高分辨率遥感图像分类［D］. 南京：南京邮电大学，2022.

[68] 王含宇. 航空高光谱遥感图像目标检测关键技术研究［D］. 北京：中国科学院大学(中国科学院长春光学精密机械与物理研究所)，2023.